エコセメントのおはなし

大住 眞雄 著

日本規格協会

発刊に寄せて

　廃棄物処理問題は，多年にわたり自治体の行政課題として取り上げられてきた．とりわけ，廃棄物を焼却した際に発生する灰の処理対策は，処分場の確保問題とも相まって，各自治体における深刻な課題と言える．

　エコセメントは，廃棄物の焼却灰を主たる原料として生産される資源リサイクル製品である．現在，建築用コンクリートブロック，一般土木用コンクリート製品などのメーカーが，エコセメントを使用したコンクリート製品やボードなどの製造を試みている．まさに，循環型経済社会の構築に寄与するエコセメントは，今後もますます普及していくと思われる．

　エコセメントの標準化に関しては，JIS R 5214として，平成14年7月20日に制定された．本書が，本JIS制定に関係された太平洋セメント株式会社の大住眞雄氏の著作により出版されることは，エコセメントの普及促進を願う私にとって望外の喜びである．

　本書は，エコセメントを知るための基本的な内容はもとより，JIS制定に至る経緯や今後の課題まで，多くの図面や写真を用いて，丁寧に記述されている．関係者の入門書として，また，一般の方の読み物としても，お薦めする次第である．

　平成15年7月

東京工業大学名誉教授
愛知工業大学客員教授
長瀧　重義

はじめに

　私たちの日々の生活から排出される「都市ごみ」は、どのように処理されていくのでしょう？　都市ごみは、その一部は再利用されますが、大部分は減量化、無臭化、無害化を目的に焼却されます。焼却炉から排出された「都市ごみ焼却灰」はそのほとんどが埋立処理されますが、都市ごみ焼却灰はダイオキシンや重金属類を含むため、近隣住民の合意を得て新たに埋立処分場をつくることは難しく、埋立処分場不足の問題は、年々、深刻になってきています。

　「エコセメント」は都市ごみ焼却灰に含まれるセメント原料成分を有効活用し、かつ、ダイオキシンや重金属類を安全に処理するというコンセプトの上に開発されたリサイクル製品であり、埋立処分場不足を解決する一手段として社会に貢献するものです。

　エコセメントは、2002年7月20日にJISが制定され、用途が拡大するとともに、これまでにも増して非常に大きな注目を浴びるようになってきました。これはエコセメントが都市ごみ焼却灰をはじめとした多種の廃棄物を安全に処理でき、かつ、広く利用される高いリサイクル性をもつことによるものと思われます。

　本書はエコセメントの理解の端緒となるべく、エコセメントの開発経緯・製造技術・品質・用途・施設などについて、また、エコセメント以外の「都市ごみ焼却灰」処理技術や資源循環型社会とエコセメントのかかわりなどについて、多岐にわたる内容をなるべく平易に紹介しました。各章に独立性をもたせ、単独でその章のみを読んでも一定の理解が得られるよう配慮しました。

　本書の執筆に当たっては、太平洋セメント田中敏嗣氏他より情報の提供など多大なご支援をいただき、また、エコセメントJIS原案

作成委員会委員長の長瀧重義先生には貴重なご助言をいただきました．ここに深く感謝申し上げます．

　最後になりましたが，日本規格協会編集制作部書籍出版課の石川健氏，須賀田健史氏には本書の構成も含め，大変お世話になりました．厚く御礼申し上げます．

2003年6月

大住　眞雄

目　次

発刊に寄せて
はじめに

1. エコセメントとは …………………………………………… 11

2. エコセメントの開発 ………………………………………… 13

 2.1　日本の廃棄物事情 …………………………………………… 13
 2.2　日本のセメント産業 ………………………………………… 15
 2.3　エコセメントの誕生 ………………………………………… 18

3. エコセメントの製造技術 …………………………………… 23

 3.1　セメントについて …………………………………………… 23
 3.2　セメントの製造工程 ………………………………………… 25
 3.3　エコセメントの原料 ………………………………………… 29
 3.4　エコセメントの製造工程 …………………………………… 32
 3.5　エコセメントの製造工程における無害化処理技術 …… 35
 3.6　エコセメント製造技術の特徴 ……………………………… 43

4. エコセメントの種類・品質・用途 ………………………… 45

 4.1　エコセメントのJIS制定 …………………………………… 45
 4.2　エコセメントの定義 ………………………………………… 45
 4.3　エコセメントの種類 ………………………………………… 46

4.4 普通エコセメントの品質 ……………………………… 46
   4.5 普通エコセメントを使用したコンクリートの品質・
       特性 ……………………………………………………… 52
   4.6 普通エコセメントの用途 ……………………………… 63
   4.7 速硬エコセメントの品質・用途 ……………………… 77
   4.8 エコセメントの普及に向けて ………………………… 79

5. エコセメント施設 ……………………………………………… 83

   5.1 市原エコセメント施設 ………………………………… 83
   5.2 多摩エコセメント施設 ………………………………… 89
   5.3 その他のエコセメント施設 …………………………… 93
   5.4 エコセメント施設導入によるメリット ……………… 93

6. エコセメントの環境負荷低減内容 …………………………… 95

   6.1 地球温暖化対策 ………………………………………… 95
   6.2 廃棄物処理 ……………………………………………… 96
   6.3 有害化学物質 …………………………………………… 96
   6.4 天然鉱物資源の枯渇防止 ……………………………… 96

7. エコセメント以外の都市ごみ焼却灰処理技術 ……………… 99

   7.1 都市ごみ用焼却炉の形式 ……………………………… 99
   7.2 灰水洗システム ………………………………………… 102
   7.3 灰溶融炉 ………………………………………………… 104

8. エコセメント施設と灰溶融炉施設の比較 ·········· 107

 8.1 廃棄物処理性 ·· 107
 8.2 環境保全性 ·· 108
 8.3 生成物のリサイクル性 ································ 108
 8.4 生成物の安全性 ··· 110
 8.5 運転安定性，維持管理性 ···························· 111
 8.6 経済性 ·· 112

9. 資源循環型社会におけるエコセメント ············ 113

 9.1 資源循環型社会とは ·································· 113
 9.2 我が国の現状 ·· 114
 9.3 法の整備 ··· 114
 9.4 資源循環型社会を目指して ·························· 117
 9.5 環境 JIS ·· 119
 9.6 資源循環型社会におけるエコセメント ·········· 120

文献，ネット文献 ··· 121
索 引 ··· 125

1. エコセメントとは

　エコセメントとは，廃棄物である都市ごみ焼却灰に含まれるセメント原料成分に着目し，それらをセメントとしてリサイクルすることによって誕生した新しいセメントです．都市ごみ焼却灰はダイオキシン類，重金属類などの環境上の有害成分や塩素分を含み，適切な処理が困難な廃棄物です．現状ではその大部分が最終埋立処分されています．エコセメントはその都市ごみ焼却灰を安全に処理し有用なセメントとして再生する究極のリサイクル製品です．

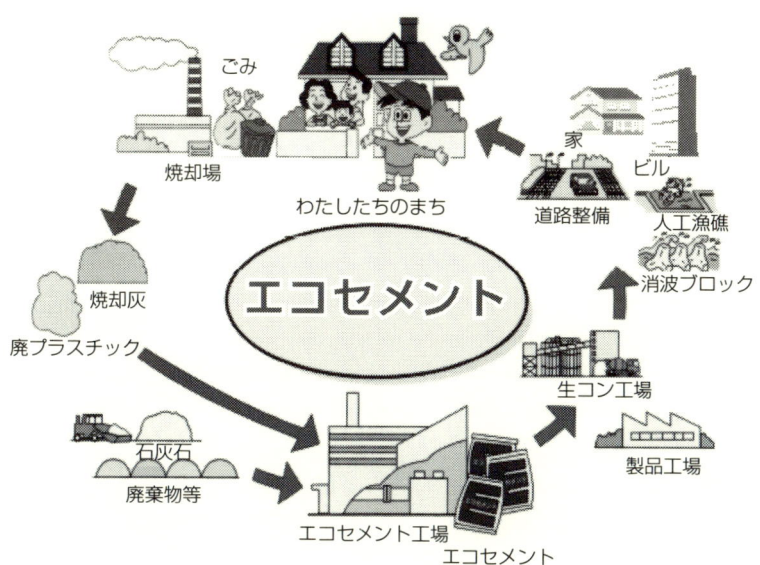

本書では，エコセメントを様々な角度からレビューし，資源循環型社会とのかかわりについて考えてみたいと思います．

2. エコセメントの開発

2.1 日本の廃棄物事情

　我が国には世界人口の約2%・1億2千万人が住んでおり，その資源消費量は約20億トン/年に達します．これは世界の全資源消費量比の12%を占めるものです．この大量の資源を消費して廃棄される廃棄物の量は約5億トン/年であり，昭和60年（1985年）から平成12年（2000年）の間で，一般廃棄物（都市ごみ）の排出量は約20%，また，産業廃棄物の排出量も約30%増加しました[1),2)]．

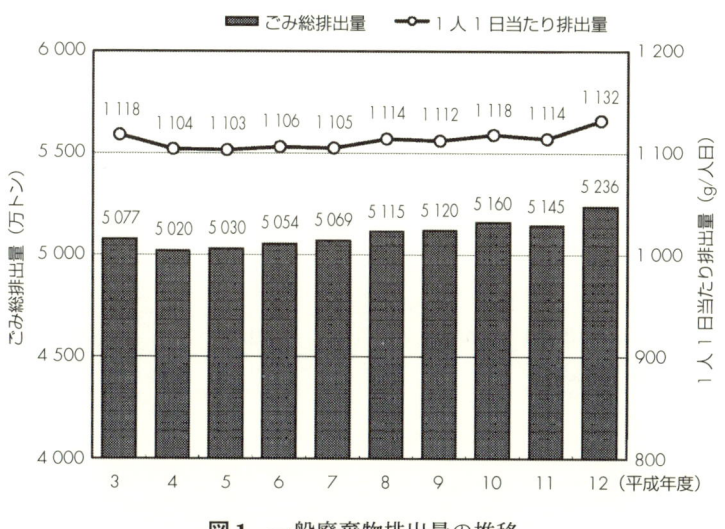

図1　一般廃棄物排出量の推移

これらの廃棄物は再生処理や焼却などの中間処理に伴って減量化が進められ最終処分量は減少しつつあるものの,依然として5 500万トンが最終処分すなわち埋立処分されているのが現状です[1),2)].

表1 廃棄物排出量・最終処分量

年　度	1985	2000	対1985比
一般廃棄物			
排　出　量	4 340万トン	5 236万トン	121%
最終処分量	1 600万トン	1 051万トン	66%
産業廃棄物			
排　出　量	31 000万トン	40 600万トン	131%
最終処分量	9 100万トン	4 500万トン	49%

この結果,廃棄物を取り巻く現況は,最終処分場の残余年数が一般廃棄物で12.2年,産業廃棄物で3.9年と危機的な状況にあり,特に首都圏では深刻です.一般廃棄物の焼却に伴い発生するダイオキシン類も大きな社会問題となってきています[1),2)].

表2 最終処分場の残余年数

	残余量	残余年数（全国）	残余年数（首都圏）
一般廃棄物処分場	15 720万 m^3	12.2年	11.2年
産業廃棄物処分場	17 609万 m^3	3.9年	1.2年

2.2 日本のセメント産業

　日本のセメント産業は，明治8年以来建設基礎資材産業としてセメントを生産・供給してきました．その量は戦後の復興，その後の旺盛な民間設備投資並びに社会資本整備により急速に拡大し，昭和54年度にはセメント生産量は8 794万トンに達しました．この間，設備の近代化・大型化並びに自動化・省力化に取り組み，また，徹底した品質管理と省エネルギーにも取り組んで，急増するセメント需要に対し良質のセメントを低コストで安定供給し，経済発展に大きく貢献してきました．

　その後，経済の低成長に伴いセメント生産量は減少しましたが，バブル景気に乗り，昭和62年度には増産に転じ，平成8年度には過去最高となる9 927万トンを記録しました．しかし，平成8年度をピークに再び減少に転じ，平成13年度は7 910万トンにまで大きく落ち込みました．この5年間の需要の落ち込みはセメント工場数個に匹敵する大変厳しいものです．

　このような状況の中，日本のセメント産業は様々な産業から排出される産業廃棄物及び副産物を原燃料の代替や製品の一部として積極的に活用し，いわゆる廃棄物問題の解決にも貢献してきました．

　日本のセメント産業は，他産業から排出される廃棄物・副産物のうち年間2 800万トン（平成13年度)[3]を原燃料としてリサイクルしています．この量は実に我が国の廃棄物・副産物総量の6%に相当するものです．図2のように，ここ数年の景気の停滞に伴うセメント生産量の減少により，廃棄物使用量総量の増加は顕著ではありませんが，セメント単位重量当たりの廃棄物使用量は順調に増加しています．経済産業省によると日本のセメント産業は潜在的にはセメント1トン当たり430キログラム（430キログラム/トン）の

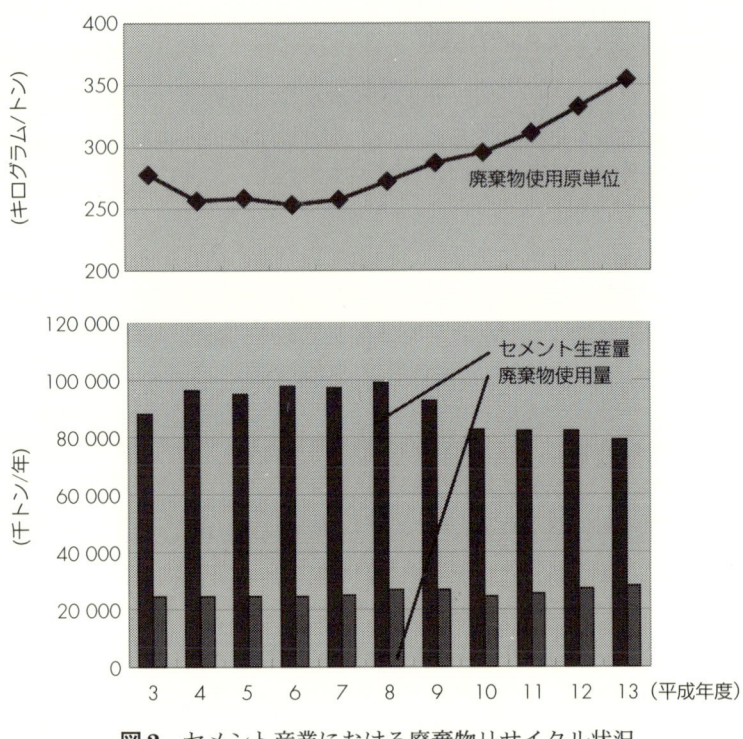

図2 セメント産業における廃棄物リサイクル状況

廃棄物を処理できる能力を有しているとされています．セメント産業は2010年度の廃棄物使用原単位の目標値を400キログラム/トンとしています[4]．

　セメント産業における主な処理廃棄物は高炉スラグ，石炭灰，排脱せっこう等の産業廃棄物であり，セメント産業では古くからこれらの廃棄物を原料及び混合材として大量にリサイクルしてきました．これらの産業廃棄物は，製品であるセメント品質を維持できる

2.2 日本のセメント産業　17

表3 セメント産業における廃棄物の利用実績[3]

単位 キトン，%

種　類	主な用途	1997年度	前年比	1998年度	前年比	1999年度	前年比	2000年度	前年比	2001年度	前年比
高炉スラグ	原料，混合材	12 684	91.3	11 353	89.5	11 449	100.8	12 162	106.2	11 915	98.0
石炭灰	原料，混合材	3 517	103.4	3 779	107.5	4 551	120.4	5 145	113.0	5 822	113.2
副産石こう	原料（添加材）	2 524	100.1	2 426	96.1	2 567	105.8	2 643	103.0	2 568	97.2
汚泥，スラッジ	原料	1 189	127.7	1 394	117.3	1 744	125.1	1 906	109.2	2 235	117.3
非鉄鉱滓等	原料	1 671	116.8	1 161	69.5	1 256	108.1	1 500	119.5	1 236	82.4
製鋼スラグ	原料	1 207	96.8	1 061	87.9	882	83.2	795	90.1	935	117.6
燃えがら（石炭灰は除く），ばいじん，ダスト	原料，燃料	543	123.2	531	97.8	625	117.7	734	117.4	943	128.6
ボタ	原料，燃料	1 772	100.0	1 104	62.3	902	81.7	675	74.9	574	85.0
鋳物砂	原料	542	125.1	454	83.8	448	98.6	477	106.4	492	103.3
廃タイヤ	燃料	258	99.6	282	109.1	286	101.4	323	113.1	284	87.8
再生油	燃料	159	116.4	187	117.4	250	133.6	239	95.6	204	85.5
廃油	燃料	117	92.7	131	112.0	88	67.2	120	136.1	149	124.5
廃白土	原料，燃料	76	110.4	90	119.4	109	121.3	106	96.9	82	77.4
廃プラスチック	燃料	21	166.7	29	134.4	58	201.0	102	176.8	171	167.2
その他	―	319	102.2	388	121.5	367	94.6	433	118.0	450	103.9
合　計	―	26 600	98.6	24 371	91.6	25 584	105.0	27 359	106.9	28 061	102.6

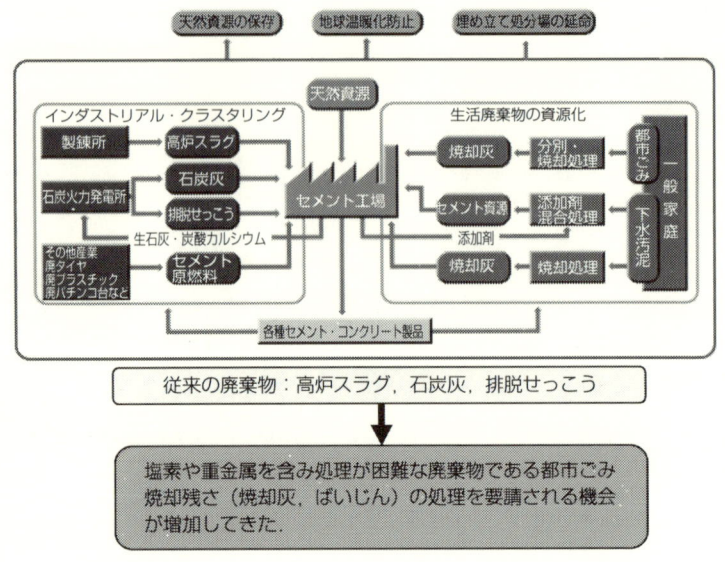

図3 セメント産業における廃棄物リサイクル要望の変化

範囲で，原料あるいはセメントに混合される形で使用されます．また，高い熱量を持つ廃タイヤ等も代替補助燃料として使用されます．

しかし，最近は従来の産業廃棄物に加え，処理が困難である塩素や重金属を含む一般廃棄物である都市ごみ焼却灰のリサイクルを要望される機会が増えてきました．

2.3 エコセメントの誕生

そのような要望に応える形で，都市ごみ焼却灰に含まれるセメント原料成分に着目し，それらをセメントとしてリサイクルすることを目標に誕生したのがエコセメントです．

2.3 エコセメントの誕生

図4 実証プラント（愛知県渥美郡）

愛知県渥美郡田原町に建設した実証プラント
（25万人都市のごみ焼却灰を処理できる規模）で
エコセメントの製造技術は確立されました．

　エコセメントは，平成6年経済産業省（旧通商産業省）の事業である「生活産業廃棄物等高度処理・有効利用技術研究開発」の中で取り上げられ，「都市型総合廃棄物利用エコセメント生産技術」の研究開発として国庫補助を受けて実証実験がスタートしました．この実証研究は，新エネルギー・産業技術総合開発機構（NEDO）が国からの出資を受け，(財)クリーン・ジャパン・センターへ研究を委託したもので，太平洋セメント(株)，(株)荏原製作所，麻生セメント(株)の民間3社が研究協力企業として参加し，官民共同で研究開発を進めたものです．

　平成9年，実証研究の結果を基にエコセメントの製造技術が確立，様々な角度から品質及び安全性が検証された上で成果が取りまとめ

られました.

　都市ごみ焼却灰をセメントの原料として利用する際,都市ごみ焼却灰に含まれている塩素が製品であるセメントの品質の障害となります.エコセメントの実証研究においては,まず,塩素を水硬性鉱物カルシウムクロロアルミネート($C_{11}A_7 \cdot CaCl_2$)の構成元素として利用する速硬エコセメントが開発されました.さらに,製造工程でその塩素を重金属類とともに分離・回収し,塩素含有量を普通ポルトランドセメントに近いレベルにまで低減した普通エコセメントが開発されました[5].

　経済産業省ではエコセメント技術をエコタウン事業の中の補助金対象技術としました[6].また,環境省でも焼却残さの処理及び活用方法としてエコセメントと溶融固化技術を認めています(平成12年1月14日公布厚生省令第二号).

2.3 エコセメントの誕生

　エコセメントの実証研究の成果を基に，平成13年4月には世界で初めてのエコセメント製造施設となる市原エコセメントが稼動を開始しました．市原エコセメントは最大で焼却灰62 000トン/年，産業廃棄物28 000トン/年を受け入れ110 000トン/年のエコセメントを生産する計画です．また，東京都では，東京都三多摩地域廃棄物広域処分組合が生産能力130 000トン/年のエコセメント施設を平成17年度までに建設することを決定しています．

　エコセメントの名称はエコロジーとセメントに由来しており，旧通商産業省による命名です．また，名称「エコセメント」は特許庁により普通名称として確定されています．「エコセメント」は「現代用語の基礎知識」にも記載され，技術士試験にも出題されており，既に一般的な概念として確立されています．

エコセメント・マーク

3. エコセメントの製造技術

3.1 セメントについて

セメントは，次のように (1) ポルトランドセメント，(2) 混合セメントと，(3) それ以外の特殊なセメントに大別できます[7].

(1) ポルトランドセメント（JIS R 5210）
- 普通ポルトランドセメント
  最もポピュラーなセメント．幅広い分野に使用可能．
- 早強ポルトランドセメント
  早期に強度を発揮するセメント．コンクリート製品や寒冷期の工事に使用．
- 超早強ポルトランドセメント
- 中庸熱ポルトランドセメント
  水和熱が低いセメント．長期強度に優れダムなどに使用．
- 耐硫酸塩ポルトランドセメント
  硫酸塩に対する抵抗性を高めたセメント．海水中や温泉地近くの土壌など硫酸塩を多く含む環境で使用．
- 低熱ポルトランドセメント
- 低アルカリ形のポルトランドセメント
  セメント成分中の全アルカリ量を 0.6% 以下に抑えたセメント．アルカリ骨材反応が起きる恐れがある場合に使用．

(2) 混合セメント
- 高炉セメント（JIS R 5211）
  高炉スラグ微粉末を混合したセメント．長期強度の増進が大きく，耐海水性や化学抵抗性があり，主にダムや港湾などの大型土木工事に使用．
- フライアッシュセメント（JIS R 5212）
  良質なフライアッシュを混合したセメント．コンクリートのワーカビリティが向上する．主にダムや港湾などの大型土木工事に使用．
- シリカセメント（JIS R 5213）

(3) 特殊なセメント
- 膨張性のセメント
- 2成分，3成分系の低発熱セメント
- 白色ポルトランドセメント
- セメント系固化材
- 超微粒子セメント
- 高ビーライト系セメント
- 超速硬セメント
- アルミナセメント
- エコセメント（JIS R 5214）
- その他の水硬性のセメント
- 気硬性のセメント

単にセメントといえば，通常，普通ポルトランドセメントを指します．普通ポルトランドセメントは総生産量の74%を占める最もポピュラーなセメントで，幅広い分野の工事やコンクリート製品に

使用されます．普通ポルトランドセメントの主成分は，酸化カルシウム CaO，二酸化けい素 SiO_2，酸化アルミニウム Al_2O_3，酸化鉄 Fe_2O_3 であり，石灰石，粘土，けい石，鉄原料を原料として製造されます．

エコセメントの製造工程について述べる前に，普通ポルトランドセメントをはじめとするセメントがどのように製造されるのかを概観しましょう．

3.2 セメントの製造工程

セメントの製造工程は図5のように，主として三つの工程から成ります．

(1) 原料工程

この工程では原料である石灰石，粘土，けい石，鉄原料等を原料ミルで乾燥・粉砕します．また，所定の化学成分となるように，原料ミルで乾燥・粉砕した原料粉末の化学成分を分析しフィードバック制御により各原料を調合します．乾燥・粉砕した原料は原料サイロにいったん貯蔵します．

(2) 焼成工程

この工程においては，成分調合された原料はサスペンションプレヒータ（NSPタワー）と呼ばれる設備に投入され，熱風との熱交換により加熱されます．このサスペンションプレヒータはロータリーキルンからの排ガスを有効利用し効率的に熱交換を行うもので，セメントの製造においては省エネルギーの観点からは是非とも必要なものです．現在はサスペンションプレヒータ自体でも燃料を燃焼させるNSPタワー方式と呼ばれるものが主流です．サスペンショ

26　　　　　　　　　　　　3. エコセメントの製造技術

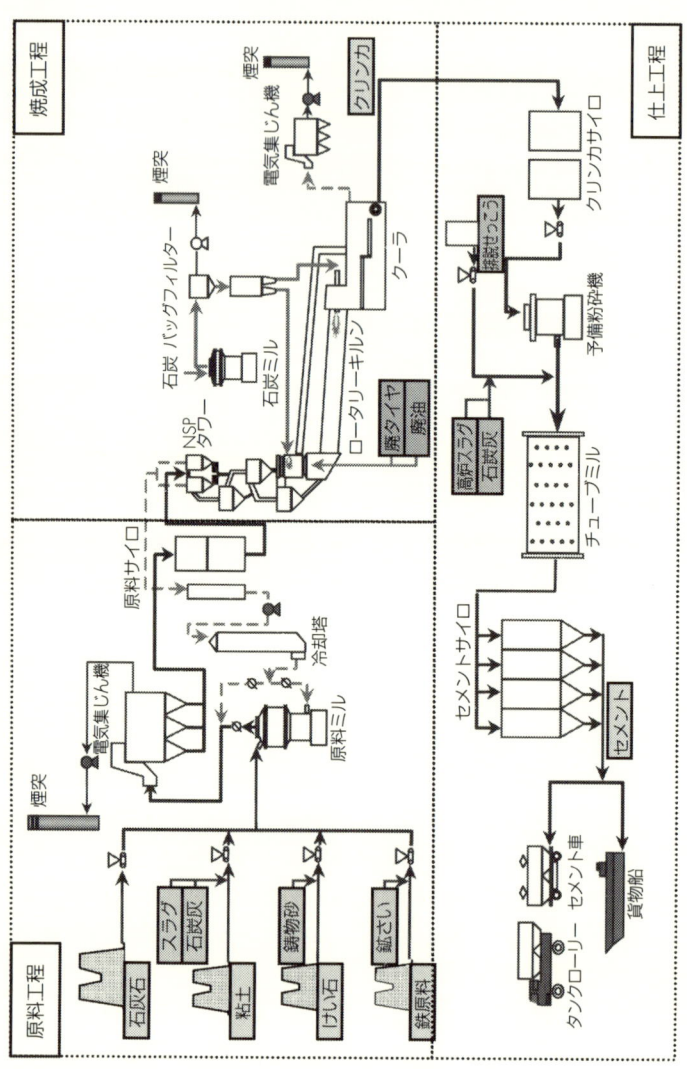

図5　セメント製造工程

ンプレヒータの下部は 800〜850℃ あり，$CaCO_3$ を主成分とする石灰石原料は脱炭酸という反応を起こし二酸化炭素 CO_2 が分離され酸化カルシウム CaO となります．脱炭酸後の原料はさらにキルンで最高温度 1 400℃ 以上で加熱・焼成され，クリンカと呼ばれるセメント半製品となります．クリンカは，キルンに引き続いて設置されるクリンカクーラで 200℃ 以下にまで冷却され，クリンカサイロに貯蔵されます．

(3) 仕上工程

仕上工程ではクリンカにせっこうを添加して粉砕し，セメントとして仕上げます．出来上がったセメントはセメントサイロに貯蔵された後，セメントタンカー，バルクタンクトラックや貨車などで出荷されます．

セメントの製造工程においては，高炉スラグ，石炭灰，排脱せっこう等の産業廃棄物を原料及び混合材として大量にリサイクルし，また，高い熱量を持つ廃タイヤを代替補助燃料として使用しています．これらの廃棄物がセメントの製造工程において利用できるのは次の理由によります．

① 高炉スラグ，石炭灰は，セメントの主成分である $CaO, SiO_2,$ Al_2O_3, Fe_2O_3 等で構成されているので，原料として使用することが可能である．また，塩素は含まれていない．

② セメントキルンでの焼成温度は 1 400〜1 500℃ と高温であるため，廃タイヤ，廃油，廃プラスチック等の可燃性廃棄物を燃料の一部として利用可能である．また，ダイオキシンやフロン等の有害化合物はキルン内で分解される．

③ 可燃性廃棄物の燃えがらは，セメント原料としてクリンカに

3. エコセメントの製造技術

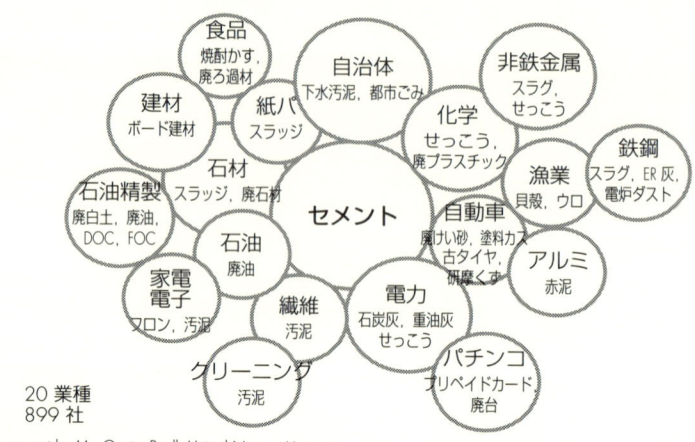

A concept by Mr. Gunter Paull, United Nations University

図6 セメント産業を中心としたインダストリアル・クラスタリング

取り込まれるため，二次廃棄物が出ない．

セメント産業は多くの業種からの廃棄物を活用し，いわゆるインダストリアル・クラスタリング（図6）を形成していると言えます．

普通セメントの製造工程においては，廃棄物のうち鉛・クロム等重金属や塩素・リン等の成分を多量に含むものは原料選別段階で排除しています．そのため，製品であるセメント品質を維持できる範囲で，単に原料あるいはセメントに混合する形で使用が可能です．

それに対しエコセメントは処理が困難である塩素や重金属を含む一般廃棄物である都市ごみ焼却灰を，高度な技術でセメント原料として使いこなしています．

3.3 エコセメントの原料

都市ごみは，一部再資源化されるものの，その大部分は減量化，無臭化，無害化を目的に焼却処理されます．焼却処理およびその他の処理を受け最終的に埋立処分される量は年間743万トン（平成12年度）にのぼります[1]．

ごみの焼却に伴って焼却炉から排出される灰は，

○焼却主灰
○飛灰（ばいじんを除く）
○ばいじん（集じん設備によって集められた飛灰に限る）

に分類され，これらを包含して焼却残さと言います［本書では都市ごみ焼却灰（＝焼却残さ）という言葉を使用します］．

廃棄物処理法施行令第1条により，ばいじんはダイオキシン類や

表4　セメント原料と廃棄物の化学成分例

原料	化学成分	酸化カルシウム CaO	二酸化けい素 SiO_2	酸化アルミニウム Al_2O_3	酸化第二鉄 Fe_2O_3	三酸化硫黄 SO_3
	普通エコセメント	59～63	15～19	7～9	4～5	3～4
	普通ポルトランドセメント	62～65	20～25	3～5	3～4	2～3
セメント原料	石灰石	47～55				
	粘土		45～78	10～26	3～9	
	けい石		77～96			
	鉄原料				40～90	
	せっこう	28～41				37～59
廃棄物例	焼却主灰	18.7	31.9	14.1	5.7	0.7
	ばいじん	27.1	19.0	4.8	0.8	2.6
	貝殻	50.6	2.3	0.6	0.3	0.0
	産業廃棄物（燃殻）	17.1	37.6	17.0	8.2	0.6

重金属が含まれていることから特別管理一般廃棄物に指定され，それ以外の焼却主灰と飛灰は一般廃棄物の扱いとなります．ばいじんと焼却主灰は分離して排出し，貯留することができる灰出し設備及び貯留設備を設けることが義務付けられています．特別管理一般廃棄物であるばいじんは未処理のまま埋立処分することは禁じられており，その処理は厚生労働大臣が指定する「溶融固化法」・「セメント固化法」・「薬剤処理法」・「酸抽出法」・「焼成法」の五つの方式によることが義務付けられています．「焼成法」によるばいじんの処理方法は，エコセメント技術がばいじんの処理に有効であることより，平成12年1月14日の厚生省告示第5号により，従来のばいじん処理方法に追加されたものです．

エコセメントはここで述べた焼却主灰，ばいじんなどの都市ごみ焼却灰を原料として使用します．その他に，貝殻，汚泥，燃殻，産

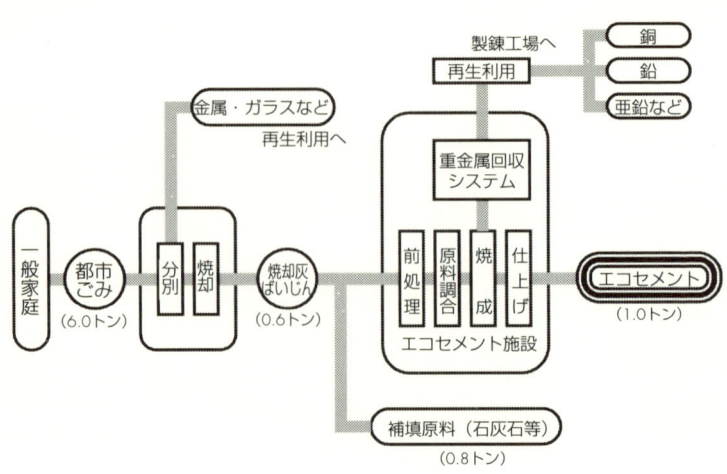

図7 エコセメントができるまで

廃ばいじん等の廃棄物を原料として使用します．

　都市ごみ焼却灰をはじめとするこれらの廃棄物は，塩素や重金属類を含むケースが多いのですが，一方でセメントの主成分である酸化カルシウム CaO，二酸化けい素 SiO_2，酸化アルミニウム Al_2O_3，酸化第二鉄 Fe_2O_3 等を含むため代替することが可能なのです．

　エコセメントは様々な廃棄物を処理できると言えますが，酸化アルミニウム等の特定の主成分が必要以上に多い場合，一定の品質のエコセメントを製造するために，成分調合する段階で純粋な成分を持つ天然原料である石灰石やけい石の割合が増加します．そのため，不経済になったり，エコセメントの定義*である廃棄物量をクリアできなくなったりします．エコセメントの原料は成分に偏りのある特定の産業廃棄物主体ではなく都市ごみ焼却灰を主体とした原料が望ましいと考えられます．

　＊エコセメントの定義
　　"都市部などで発生する廃棄物のうち主たる廃棄物である都市ごみを焼却した際に発生する灰を主とし，必要に応じて下水汚泥などの廃棄物を従としてエコセメントクリンカの主原料に用い，製品1トンにつきこれらの廃棄物を JIS A 1203 に規定される乾燥ベースで 500 キログラム以上使用してつくられるセメント"（JIS R 5214 より引用）

　原料である石灰石は加熱・焼成されるときに CO_2，すなわち二酸化炭素が分離され，その結果，重量は減少します．通常，普通セメントやエコセメントを1トン製造するとき，原料は 1.4〜1.6 トン必要になります．エコセメントの定義は「エコセメント1トンを製造する時に，原料が 1.4〜1.6 トン必要となり，その原料のうち 500 kg 以上が廃棄物である」ということになります．

3.4 エコセメントの製造工程

エコセメント施設は,廃棄物処理施設の側面と,リサイクル製品であるエコセメントの製造施設の側面を合わせ持ちます.エコセメント施設は,「プラントの無公害化」・「有害物の無害化」・「廃棄物の完全リサイクル」を基本コンセプトに,安定した品質のエコセメントを製造するように設計されています.図8にエコセメントの製造工程を示します.

エコセメントの製造工程は基本的には普通セメントと同様な製造工程ですが,廃棄物である都市ごみ焼却灰を処理するためにいろいろな工夫がなされています.原料である都市ごみ焼却灰がエコセメントとなるまでを追ってみましょう.

① 都市ごみ焼却プラントから排出された湿った都市ごみ焼却主灰はピットに受け入れられ貯蔵されます.

② 湿った都市ごみ焼却主灰はロータリードライヤーで乾燥され,ふるい・磁力選別器・渦電流選別器などを使って,不燃物や鉄くず・アルミ缶などが分離されます(図9).分離回収された鉄くず・アルミ缶などはスクラップ回収業者によって引き取られます.

③ 乾燥され金属くずが分離された都市ごみ焼却灰は,天然原料である石灰石等とともに混合粉砕され粉末状の原料となり,原料成分均質化サイロへ圧送されます.

④ 別途搬入された水分のない都市ごみ焼却飛灰は受入タンクを経由して,直接,原料成分均質化サイロへ圧送されます.

⑤ 原料成分均質化サイロでは所定の化学成分となるように天然原料である石灰石やけい石の粉末を更に添加し,混合・分析・成分調合を繰り返しながら,1日に必要な量の原料を調製しま

3.4 エコセメントの製造工程　　33

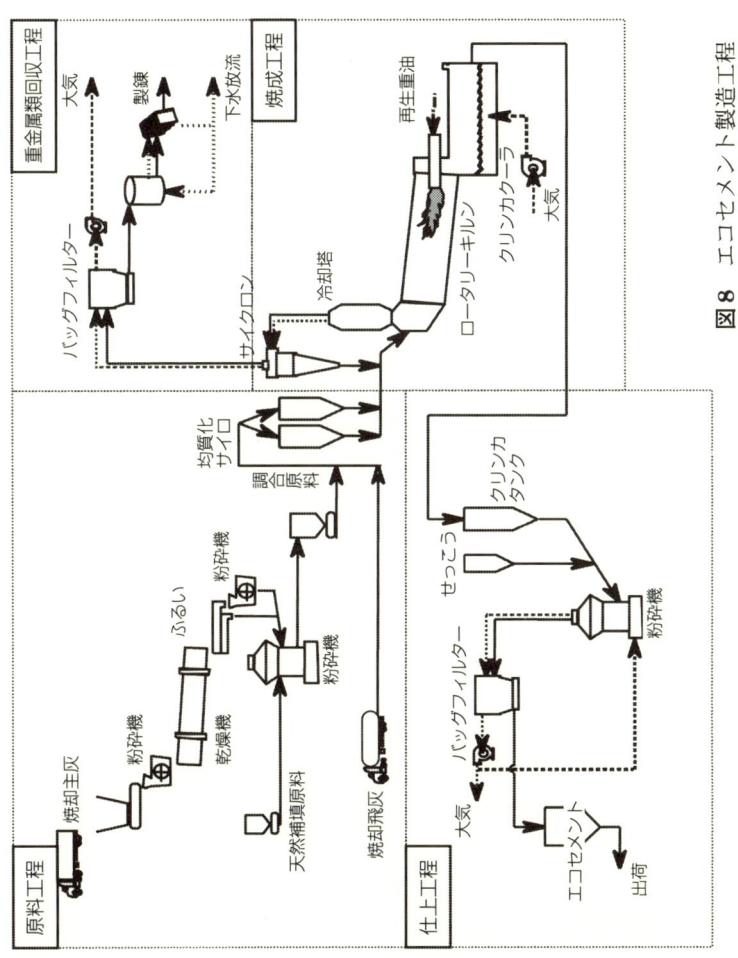

図8　エコセメント製造工程

3. エコセメントの製造技術

図9 都市ごみ焼却灰中のスクラップ

都市ごみ焼却灰の中には、ジュースの缶、スプーン・フォーク、コイン、針金類や燃え残った電話帳等様々な不燃物、金属類、異物があり、これらは工程トラブルの原因となるため徹底的に取り除く必要があります。

す．

備考　普通セメントの製造工程では連続式の原料成分調合システムを使い、効率的にセメントを製造していますが、成分変動の大きい廃棄物を原料とするエコセメントでは、この方法では廃棄物の成分変動を吸収できないため、サイロを使ったバッチ式の原料成分均質化システムを採用しています。このバッチ式の原料成分均質化システムによりエコセメントは安定した品質の製品を製造することが可能となりました。

⑥　原料成分均質化タンクで調製された原料は直接ロータリーキルンへ送られ、最高温度1 350℃以上で過熱・焼成され溶岩状のセメント半製品であるクリンカとなります。

⑦　焼成工程で回収された重金属塩化物は重金属回収工程で鉛，銅亜鉛などを含む人工鉱石として再資源化されます．
⑧　クリンカはクリンカクーラで200℃以下に冷却され，いったん，クリンカサイロへ貯蔵されます．
⑨　クリンカサイロから引き出されたクリンカはせっこうとともに混合粉砕されエコセメントとなります（図10）．

図10　エコセメント

3.5　エコセメントの製造工程における無害化処理技術

　エコセメントの製造技術の開発に当たっては，都市ごみ焼却灰に含まれる塩素及び重金属類の適正処理とダイオキシン類の分解・無害化がポイントになりました．「有害物の無害化」・「プラントの無公害化」・「廃棄物の完全リサイクル」をねらったエコセメント製造施設における特徴的な無害化処理技術は次のとおりです（図11）[8]．
　(1)　キルンへの原料直接送入によるダイオキシン類の即座の分解

3. エコセメントの製造技術

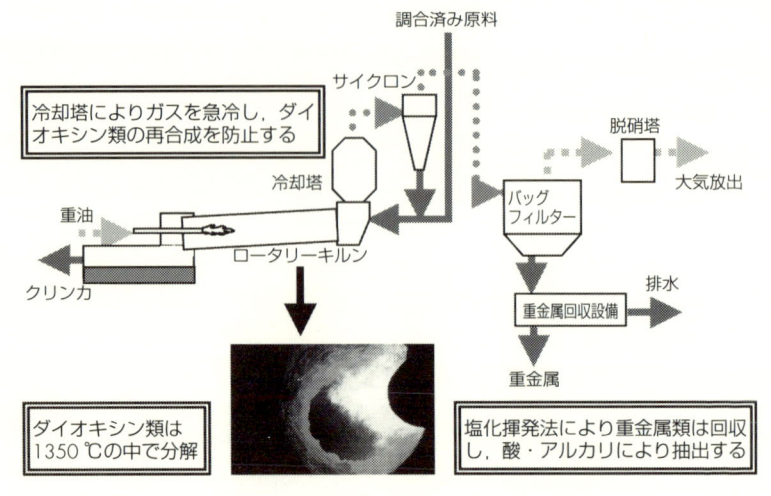

図11 エコセメント製造工程における無害化処理技術

(2) 冷却塔によるダイオキシン類の再合成防止
(3) 塩化揮発法による重金属類の回収及び塩素除去
(4) 重金属塩化物からの重金属抽出（再資源化）

これらの技術は普通セメントの製造工程と大きく異なるところです．

(1) キルンへの原料直接送入によるダイオキシン類の即座の分解

エコセメントの製造工程では普通セメントの製造工程に見られるようなサスペンションプレヒータと呼ばれる予熱設備がありません．都市ごみ焼却灰を含む原料は約800℃のキルンエンド部分に直接送入されます．これにより原料中のダイオキシン類は直ちに分解され炭酸ガス，塩化水素ガス，水蒸気ガスとなります（図12）．さらに，クリンカは最高温度1 350℃を超える焼点域を約1時間か

3.5 エコセメントの製造工程における無害化処理技術

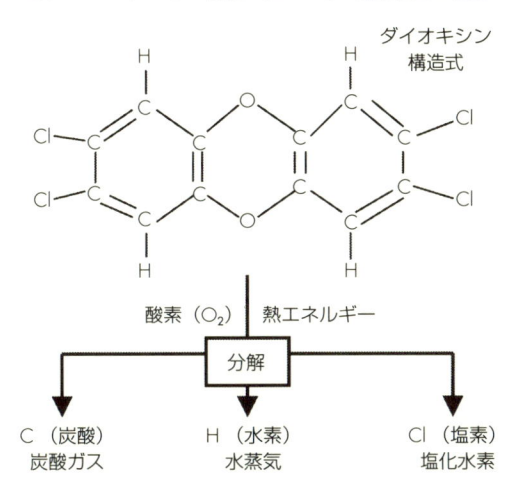

図12 ダイオキシン類分解のメカニズム

けて通過してくるためダイオキシン類は完全に破壊されます。製品となるエコセメントにダイオキシン類が残存することはありません。

(2) 冷却塔によるダイオキシン類の再合成防止

サスペンションプレヒータは熱の有効利用の観点からは是非とも必要な設備ですが、エコセメント製造設備にはサスペンションプレヒータはありません。その代わりに冷却塔が設置されています。

キルンでダイオキシン類は分解され塩化水素ガス、二酸化炭素ガス、水蒸気ガスとなりますが、それらは300〜400℃の温度域でダイオキシン類に再合成すると言われています。エコセメント製造施設の冷却塔では800℃あるキルン排ガスを水と空気により一気に200℃にまで冷却します。これによりダイオキシン類の再合成

はほぼ完全に防止されます.エコセメント製造施設から排出される排気ガスにはダイオキシン類はほとんど含まれていません(表5).

エコセメント施設では,窒素酸化物,硫黄酸化物,塩化水素,ばいじん等に対し万全の対策が講じられており,高いレベルで「プラントの無公害化」を達成しています.

表5 市原エコセメント施設排ガスデータ

	単位	環境基準値	分析値
ダイオキシン類	ng-TEQ/m^{3}N:O$_2$12%	0.1	0.05>
窒素酸化物	ppm	250	120>
硫黄酸化物	m^{3}N/h	4.76	0.23>
塩化水素	mg/m^{3}N:O$_2$12%	700	32>
ばいじん	mg/m^{3}N:O$_2$10%	100	10

(3) 塩化揮発法による重金属類の回収および塩素除去

エコセメントの製造工程においては,原料である都市ごみ焼却灰に含まれる重金属類を塩化揮発法という方法でエコセメントから除去しています.この技術は都市ごみ焼却灰に含まれる塩素を利用して,重金属類を沸点の低い重金属塩化物の形態で揮発させるものです.この方法により製品であるエコセメントから重金属類は除去されます.原料中に重金属類の含有量が多い場合には,高温焼成し重金属酸化物の形態で除去することも可能であり,原料成分の分析を行いながら運転を制御することにより,製品となるエコセメント中の重金属類を無害なレベルにまで低減することができます.ダイオキシン類の分解と合わせ製品エコセメントの安全性は高く評価できるものであり「有害物の無害化」が達成さています.

また，塩素に関しては，塩素を水硬性鉱物（$C_{11}A_7 \cdot CaCl_2$）の構成元素として利用する速硬エコセメントでは原料にさらに塩素分を添加し，逆に，塩素含有量を普通ポルトランドセメントに近いレベルにまで低減した普通エコセメントでは原料にアルカリ分を添加します．エコセメントの製造においては，塩化揮発法による塩素揮発分を考慮した上で，目標とする塩素含有量となるように原料中の塩素/アルカリ比を調整することにより，余分な塩素は適切に除去されます．

(4) 重金属塩化物からの重金属抽出（再資源化）

塩化揮発法により回収された重金属塩化物はバッグフィルターで捕集されます．エコセメントの製造工程においてはこの重金属塩化物を酸及びアルカリを使用して処理し，鉛，亜鉛，銅を抽出します．この抽出された重金属は有用な人工鉱石として再資源化されます．また，それ以外のセメント成分も回収されエコセメントの原料として再利用されます．この抽出技術は Heavy Metal Extraction の頭文字を取って **HMX** と呼ばれています（図13）[9), 10)]．

この HMX 技術によりエコセメント施設からは二次的な廃棄物は排出されません．エコセメント施設は「廃棄物の完全リサイクル」すなわちゼロエミッションを達成しています．

エコセメントの製造技術は次の点で極めて優れていると評価されています．

① 塩素分や重金属類などの環境上の有害成分を含み適切なほとんどが埋立処分されている都市ごみ焼却灰を，有用かつ安全な建設資材であるエコセメントにリサイクルできる．

② 天然資源の使用量削減とともに製造時の環境負荷を低減できる．

3. エコセメントの製造技術

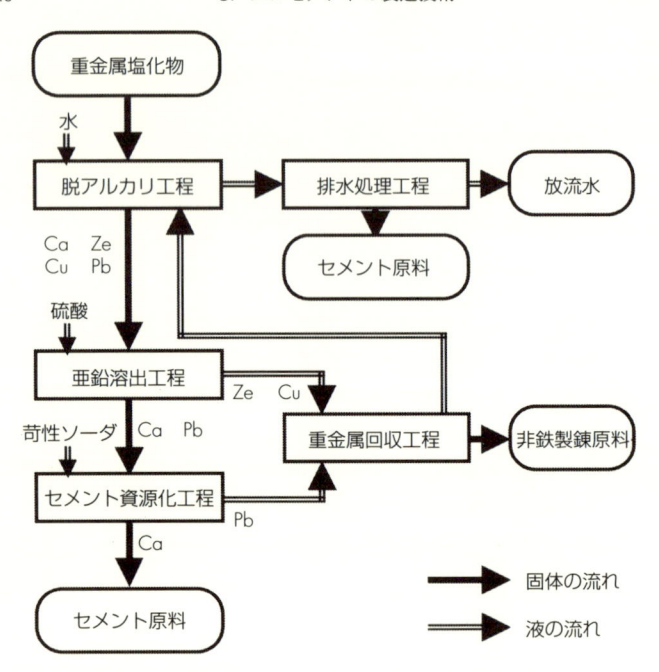

図13 HMX技術による重金属塩化物の再資源化

③ 燃え殻，汚泥などの産業廃棄物も原料として，さらには，廃プラ等の塩素を含む廃材も燃料の一部として利用できる等，多様な廃棄物を原燃料として活用できる．

④ 成分変動の大きい廃棄物から安定した品質のエコセメントを製造できる．

⑤ 都市ごみ焼却灰に含まれる塩素をセメントの構成物質の一部として利用する速硬エコセメントの製造技術が開発されている．この速硬エコセメントは塩素を多く含むため無筋分野に使用が限定されるが，速硬性を利用して，コンクリート製品の生

3.5 エコセメントの製造工程における無害化処理技術

産性向上に役立つなど，特殊用途に威力を発揮する．
⑥ エコセメント中の塩素を含有量 1 000 ppm 以下まで除去し，普通ポルトランドセメントと同様の分野に使用できる普通エコセメントの製造技術が開発されている．
⑦ 廃棄物中の鉛，亜鉛，銅等の重金属類を塩素とともに重金属塩化物としてエコセメント製造工程から取り出している．この取り出した重金属塩化物より鉛，亜鉛，銅等を抽出し，人工鉱石としてリサイクルできる．
⑧ エコセメント硬化体からの重金属類の溶出量は十分安全なレベルに制御されている．
⑨ エコセメント製造設備において，ダイオキシン類は安全に分解され，かつ，再合成しない．
⑩ エコセメント施設からの新たな廃棄物は出ないゼロエミッション型の技術である．

このような評価の下，エコセメントは次のような表彰・受賞を得ました．

⑪ 「環境庁：地球温暖化防止活動実践部門大臣表彰」
　　受賞時期：1999 年 12 月
　　受賞理由：二酸化炭素排出の少ないセメント生産プロセスの構築に積極的に取り組み，地球温暖化防止対策を推進した．
⑫ 「ウェステック大賞 2001 環境大臣賞」
　　受賞時期：2001 年 11 月
　　受賞理由：都市ごみ焼却灰等の廃棄物を有用な建設資材であるセメントに再生する画期的な技術であり，深刻化する最終処分場問題の有力な解決策である．
⑬ 「2001 年日経優秀製品・サービス賞最優秀賞日本経済新聞賞」

図14 エコセメント製造技術への評価

受賞時期：2002年1月

受賞理由：錆や強度不足の原因となる塩素や重金属などを焼却灰から取り除く技術を確立し品質を安定化させ，最終処分場不足が深刻化する中，焼却灰の有効な再利用方法として期待される．

3.6 エコセメント製造技術の特徴

エコセメント製造技術は，従来のポルトランドセメント製造技術をベースに新しい技術を付加し，性状・品質のばらつきの大きいごみ資源（廃棄物）を原料に一定範囲内の品質のセメントを製造する技術であり，「ごみ資源のリサイクル化」を前提に開発された技術です．

エコセメント施設が既存のセメント製造施設と比較してハード面で異なる部分・追加された部分は，具体的には，粒度が異なる・水分が異なる等原料性状に合わせて設備を変えた部分です．また，エコセメント施設はセメント製造施設であると同時に一般廃棄物処理施設であり産業廃棄物処理施設であるため，例えば，排気ガスは，最新のごみ焼却施設に劣らない水準にせざるを得ず，通常のセメント工場よりはるかに厳しいレベルにする必要があります．市原エコセメントでは脱硝設備を設置しNO_x<50 ppmにしています．製造能力はダイオキシン対策でガスを急冷するためキルン寸法に比較して小さくなります．重金属回収設備も通常のセメント施設に追加される設備です．

既存のセメント工場の改造によるエコセメント施設化を考えた場合，エコセメント施設のキルン直径はプレヒータを持たない乾式キルン相当の4.3 m程度が上限であると思われ，まず，この点が考慮されなくてはなりません．

既設セメント工場改造によるエコセメント施設化は不可能ではありませんが、プレヒータの撤去、冷却塔の設置、排気ガス処理設備の設置、重金属回収の設置等により、同一の廃棄物処理能力の工場を考えた場合、エコセメント工場新設に相当する改造費が必要と予想され、設備レイアウトも含め現実的には困難なものであると思われます。

　エコセメントの製造技術は新エネルギー・産業技術総合開発機構（**NEDO**）に帰属する技術であり、日本のセメント各社はどの会社もその技術を利用し、エコセメントを製造できます。研究協力企業である太平洋セメント・麻生セメント・荏原製作所に帰属する一部の特許も、**NEDO**との契約に基づき実施権は許諾されます。エコセメント製造技術は、これからの資源循環型社会「ゼロエミッション」実現への貢献を考えた場合、広く普及されていく可能性のある技術と言えます。

4. エコセメントの種類・品質・用途

4.1 エコセメントのJIS制定

経済産業省は,循環型経済社会構築の観点からリサイクルと廃棄物処理の統合的推進を目指し,それらを促進するための環境整備として環境・資源循環に関するJIS,いわゆる環境JISを推進してきました.

平成10年,経済産業省はエコセメント技術情報の早期公開と標準化への議論を促進するため標準情報(TR)の規格化を(財)日本規格協会に委託し,同協会は(社)日本コンクリート工学協会に再委託しました.日本コンクリート工学協会は,これを受けて委員会を組織して原案を作成し,平成12年5月22日タイプIIと位置づけられた標準情報(TR R 0002:2000)が公表されました.

その後,この標準情報(TR)を受けて,(社)セメント協会はエコセメントJIS原案作成委員会を組織し,2回の委員会を開催して原案を作成しました.平成14年5月の土木技術専門委員会の審議を経て,エコセメントは環境JISの第一弾として,平成14年7月20日にJISに制定(JIS R 5214)されました.

4.2 エコセメントの定義

エコセメントJIS(JIS R 5214)においては,エコセメントは「都市部などで発生する廃棄物のうち主たる廃棄物である都市ごみを焼却した際に発生する灰を主とし,必要に応じて下水汚泥などの廃棄物を従としてエコセメントクリンカの主原料に用い,製品1ト

ンにつきこれらの廃棄物をJIS A 1203に規定される乾燥ベースで500キログラム以上使用してつくられるセメント」と定義されます.原料に廃棄物の使用が明確にうたわれているのが従来のポルトランドセメントのJISと大きく異なる点です.

4.3 エコセメントの種類

エコセメントは,その特徴によって普通エコセメントおよび速硬エコセメントの2種類に分類されます.

普通エコセメントはエコセメントの製造過程で塩素を揮発させ,塩化物イオン量をセメント質量の0.1%以下にしたもので,普通ポルトランドセメントに類似する性質をもつセメントです.

速硬エコセメントは塩素成分をクリンカ鉱物として固定し,塩化物イオン量をセメント質量の0.5以上1.5%以下にしたもので,速硬性をもつセメントです.両者は原料成分の調整や製造工程における運転調整で造り分けます.JIS(JIS R 5214)に示されるエコセメントの品質は表6のとおりです.

4.4 普通エコセメントの品質

JIS R 5214に示される普通エコセメントの規格値は,普通ポルトランドセメントのJIS(JIS R 5210)規格値と比較し,
① 三酸化硫黄量:4.5%以下
 (普通ポルトランドセメント 3.0%以下)
② 塩化物イオン量:0.1%以下
 (普通ポルトランドセメント 0.02%以下)
が異なりますが,実際の普通エコセメントの品質は普通ポルトランドセメントとあまり変わりません.

以下に実際の普通エコセメントの品質を普通ポルトランドセメン

4.4 普通エコセメントの品質

表6 エコセメントの品質（JIS R 5214）

品質／種類			普通エコセメント	速硬エコセメント
密度		g/cm^{3} (1)	—	—
比表面積		cm^2/g	2 500以上	3 300以上
凝結	始発	h-m	1-00以上	—
	終結	h-m	10-00以下	1-00以下
安定性(2)	パット法		良	良
	ルシャテリエ法	mm	10以下	10以下
圧縮強さ	1d		—	15.0
N/mm^2	3d		12.5以上	22.5以上
	7d		22.5以上	25.0以上
	28d		42.5以上	32.5以上
酸化マグネシウム		%	5.0以下	5.0以下
三酸化硫黄		%	4.5以下	10.0以下
強熱減量		%	3.0以下	3.0以下
全アルカリ		%(3)	0.75以下	0.75以下
塩化物イオン		%(4)	0.1以下	0.5以上1.5以下

(1) 測定値を報告する．
(2) 安定性の測定は，JIS R 5201の本体のパット法又は同規格の附属書のルシャテリエ法による．
(3) 全アルカリ（％）は，化学分析の結果から，次式によって算出し，小数点以下2けたに丸める．

$Na_2O_{eq} = Na_2O + 0.658K_2O$

ここに，Na_2O_{eq}：エコセメント中の全アルカリの含有率（％）
Na_2O：エコセメント中の酸化ナトリウムの含有率（％）
K_2O：エコセメント中の酸化カリウムの含有率（％）
(4) 測定は，JIS R 5202の塩素の定量方法による．

トと対比して見ていきましょう[11].

(1) 構成鉱物

普通エコセメントの構成鉱物は普通ポルトランドセメントと同じですが,一般廃棄物である都市ごみ焼却灰はアルミが多く,そのため,エコセメントではアルミを含む鉱物であるアルミネート相やフェライト相が普通ポルトランドセメントに比較し多くなります.また,活性の高いアルミ成分により凝結時間が短くなるため,エコセメントではせっこうを多く添加し凝結を抑制します(表7).

表7 鉱物比較(例)

	エーライト C_3S	ビーライト C_2S	アルミネート相 C_3A	カルシウムクロロアルミネート $C_{11}A_7 \cdot CaCl_2$	フェライト相 C_4AF	せっこう $CaSO_4$
普通エコセメント	49	12	14	0	13	6.3
普通ポルトランドセメント	53	23	8	0	10	3.4

C: CaO, S: SiO_2, A: Al_2O_3, F: Fe_2O_3
エーライト : C_3S ($3CaO \cdot SiO_2$) けい酸カルシウムの一種
ビーライト : C_2S ($2CaO \cdot SiO_2$) けい酸カルシウムの一種
アルミネート相 : C_3A ($3CaO \cdot Al_2O_3$) 間げき相
フェライト相 : C_4AF ($4CaO \cdot Al_2O_3 \cdot Fe_2O_3$) 間げき相

(2) 化学成分

エコセメント製造工程では塩化揮発法によって塩素を除去しますが,塩素除去効率と安定運転の両面を考えて,エコセメント塩素は400〜500 ppm としています.

また,せっこうが多い分 SO_3 が多くなります(表8).

4.4 普通エコセメントの品質

表8 化学成分比較（例）

	二酸化けい素 SiO$_2$	酸化アルミニウム Al$_2$O$_3$	酸化第二鉄 Fe$_2$O$_3$	酸化カルシウム CaO	三酸化硫黄 SO$_3$	全アルカリ R$_2$O	塩素 Cl
普通エコセメント	17.0	8.0	4.4	61.0	3.7	0.26	0.04
普通ポルトランドセメント	21.2	5.2	2.8	64.2	2.0	0.63	0.01

(3) 凝結性状

凝結とはモルタルが徐々に硬くなって変形できなくなる過程を言います．凝結始発時間及び凝結終結時間で凝結を評価します．普通エコセメントの凝結性状は普通ポルトランドセメントとほぼ同等もしくは若干長くなります（表9）．

表9 凝結時間比較（例）

	密度 (g/cm^3)	比表面積 (cm^2/g)	凝結時間 (hr-mm) 始発	凝結時間 (hr-mm) 終結
普通エコセメント	3.17	4 300	2-30	4-00
普通ポルトランドセメント	3.17	3 220	2-22	3-30

(4) 強度発現性

普通エコセメントの強度は普通ポルトランドセメントより少し低い値となります．モルタルの圧縮強さを表10及び図15に示します．

4. エコセメントの種類・品質・用途

表10 モルタル*圧縮強さ比較（例）

	圧縮強さ （N/mm^2）			
	1日	3日	7日	28日
普通エコセメント	10.0	27.0	40.0	55.0
普通ポルトランドセメント	14.5	27.5	43.0	59.0

＊モルタル：セメントと砂を水で練ったもの．
　　　　　砂利の入ったコンクリートと区別します．

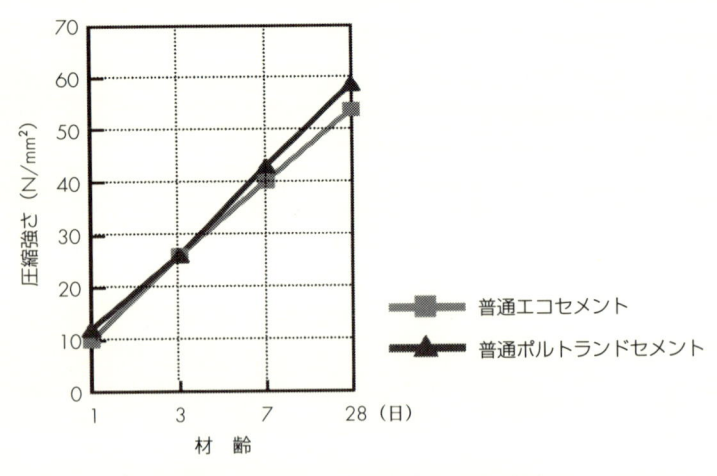

図15 モルタル*圧縮強さ比較（例）

(5) 安全性

普通エコセメントモルタルからの重金属類の溶出試験結果を表11に示します．JISモルタルを用い，環境庁告示第46号に準じた重金属の溶出試験の結果です．

普通エコセメントモルタルは土壌環境基準及び水質環境基準を満

4.4 普通エコセメントの品質

表 11 普通エコセメントモルタルからの溶出試験結果(材齢 28 日)

単位 mg/L

	Cd	CN	Pb	Cr^{6+}	T-Hg
普通エコセメント	<0.005	<0.01	<0.01	<0.02	<0.000 5
土壌基準	0.01	N.D	0.01	0.05	0.000 5
水質基準	0.01	0.01	0.05	0.05	0.000 5
	Cu	As	Se	B	F
普通エコセメント	<0.01	<0.01	<0.005	<0.05	<0.4
土壌基準	—	0.01	0.01	1	0.8
水質基準	1	0.01	0.01	1	0.8

足します.

　エコセメント製品からの重金属類の溶出に関する安全性については,平成 11 年 8 月,廃棄物学会において,エコセメント製品の重金属類溶出試験に関する検討委員会(委員長:田中勝,当時国立公衆衛生院廃棄物工学部長)が設置され,エコセメントからの重金属類の溶出について,我が国と欧米で実施されている試験及び基準に照らして様々な試験が実施されました.その結果は平成 12 年 3 月 24 日付けで「エコセメント製品の重金属類溶出試験に関する検討委員会報告書」としてまとめられ,エコセメント製品の重金属類の溶出に関する安全性は十分確保されていることが確認されました.

　また,ダイオキシン類は製造工程で分解されるため製品であるエコセメントにはダイオキシン類は残留しません.過去のエコセメント中のダイオキシン類の含有量測定データはすべて 0.00 ng–TEQ/g を示しています.

4.5 普通エコセメントを使用したコンクリートの品質・特性

コンクリートは,セメント・水・細骨材・粗骨材・混和材料から構成されます.セメント自体の品質とともに,これらの配合設計は重要であり,打設時の作業性と固まった時点での強度を両立させなくてはなりません.

コンクリート中の塩化物イオンは,ある濃度以上になるとコンクリート中の鋼材の腐食を促進し,コンクリート構造物の耐久性を低下させます.この点を考慮してJIS A 5308レディーミクストコンクリート等では,コンクリートに含まれる塩化物イオンの総量を0.30 kg/m^{3}以下とするように定めています.練混ぜ時のコンクリートの塩化物イオンは,水,セメント,骨材及び混和材料から供給されるので,普通エコセメントを用いたコンクリートに含まれる塩化物イオンの総量は,各材料の試験成績表から得られる塩化物イオ

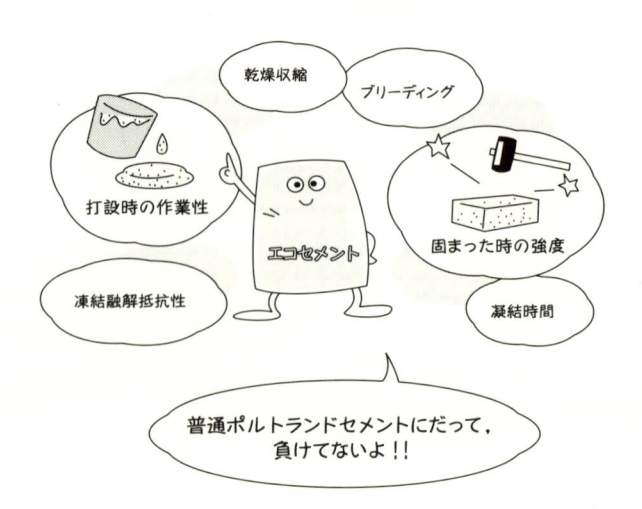

4.5 普通エコセメントを使用したコンクリートの品質・特性

ン量と示方配合（計画調合）から算出することができます．

　普通エコセメントの塩化物イオン量は，JIS R 5210 ポルトランドセメントの規格上限値よりも多いものの，汎用的なコンクリートであれば，コンクリートに含まれる塩化物イオンの総量が 0.30 kg/m^3 を超えることはなく，広範囲に使用できます．単位セメント量が多い場合や塩化物イオン量の少ない材料の入手が困難な場合などにおいて，コンクリートに含まれる塩化物イオンの総量が 0.30 kg/m^3 を超える場合には，発注者（購入者）の承認を得て上限値を 0.60 kg/m^3 とし，土木学会コンクリート標準示方書や日本建築学会建築工事標準仕様書（JASS 5）に示す対策を講じる必要があります．

　普通エコセメントを使用したコンクリートの品質・特性は，次に示すような，各種の共同研究により明確にされています．

(1) 独立行政法人土木研究所

　独立行政法人土木研究所（旧建設省土木研究所），東京都土木技術研究所及び太平洋セメント・麻生セメント・住友大阪セメント・日立セメントにより，普通エコセメントの鉄筋コンクリート構造物への適用のための運用技術指針作成に向けて，共同研究「都市ごみ焼却灰を用いた鉄筋コンクリート材料の開発に関する研究」が平成 11 〜 13 年度に実施されました[12]．

(2) 独立行政法人建築研究所

　独立行政法人建築研究所（旧建設省建築研究所），太平洋セメント，日立セメントにより，エコセメント及びエコセメントを使用したコンクリートの物理・力学特性並びに調合設計・施工技術に関する研究を行うものとして「都市型総合は合い器物を原料とした環境

負荷低減型セメントの建設事業への適用技術に関する共同研究」が平成11～13年度に実施されました[13].

(3) 独立行政法人港湾空港技術研究所

平成9年度から旧運輸省港湾技術研究所と太平洋セメントとの共同研究として海洋環境下で使用されるコンクリート分野へのエコセメントコンクリート適用の可能性を把握する目的で，運輸省港湾技術研究所の管理施設で長期（材齢10年まで）に海洋環境条件下に暴露したエコセメントコンクリートの基礎物性試験を実施しています．

普通エコセメントを使用したコンクリートの品質・特性を以下に見ていきましょう[11].

(4) 基本物性—コンクリート配合

普通エコセメントは粉末度が高いため，コンクリートの単位水量は普通ポルトランドセメントを使用した場合よりもやや大きく，また，コンクリートの水量を減らすAE剤（微細気泡分散剤）添加量も普通ポルトランドセメントを使用した場合よりも多くなります（表12）.

(5) コンクリートのスランプ

コンクリートのスランプとはフレッシュコンクリート（まだ固まらない状態のコンクリート）の軟らかさを示す指標の一つで，コンクリートを詰めたスランプコーンを引き上げて変形した部分の高さを測ります．スランプが大きいほど軟らかいと言えます．コンクリートの作業性ワーカビリティを評価する指標となります．

エコセメントのスランプは普通ポルトランドセメントとほぼ同等

4.5 普通エコセメントを使用したコンクリートの品質・特性　　55

表12 コンクリート配合

	水セメント比 W/C (%)	細骨材率 s/a (%)	単位量 (kg/m^3)		AE剤 ($C\times\%$)
			水 W	AE減水剤	
普通エコセメント	45.0	44.0	178	0.99	0.005 0
	50.0	45.0	178	0.89	0.005 0
	55.0	46.0	178	0.81	0.005 0
	65.0	48.0	178	0.68	0.005 0
普通ポルトランドセメント	45.0	46.0	176	0.98	0.002 5
	55.0	48.0	176	0.80	0.002 5
	65.0	50.0	176	0.68	0.002 5

(Sl: 18±2.5 cm, Air 4.5±1.5%)

(説明)　W/C　：水セメント比（W＝水,　C＝セメント）
　　　　　　　コンクリート中の水とセメントの比率．水が多いと作業性は良
　　　　　　　くなるが，強度及び耐久性は低下する．
　　　s/a　：細骨材率（s＝砂,　a＝骨材）
　　　　　　　全骨材中の砂等の細骨材の比率．5 mm以下の骨材を細骨材,
　　　　　　　5 mmを超える骨材を粗骨材と言う．
　　　AE剤　：独立した微細な気泡（エントレインドエア）をコンクリート中
　　　　　　　に分散させて，フレッシュコンクリートの作業性を改善させる
　　　　　　　薬剤．
　　AE減水剤：セメントを分散させる作用を持ち練混ぜ水を減少させる減水剤
　　　　　　　とAE剤の機能を合わせ持つ薬剤．

であり，また，エコセメントの空気量の経時変化も普通ポルトランドセメントとほぼ同等です（図16）．

(6) コンクリートの凝結

凝結とはフレッシュコンクリートが徐々に硬くなって変形できなくなる過程を言います．凝結始発時間及び凝結終結時間で凝結を評価します．

普通エコセメントの凝結時間は普通ポルトランドセメントよりも

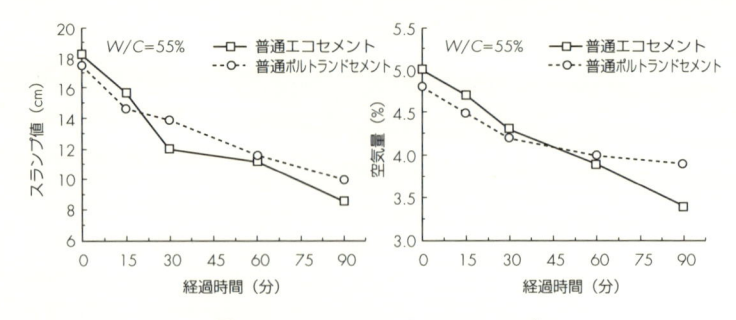

図16 コンクリートのスランプ

やや長くなります.

また, 普通エコセメントのブリーディング (打設したコンクリートの表面に水が浮き上がる現象) は普通ポルトランドセメントと同等です (図17).

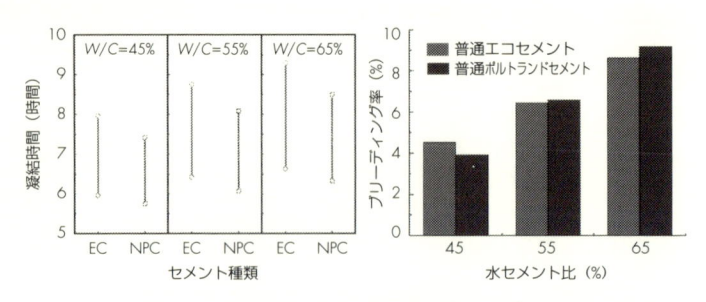

図17 コンクリートの凝結とブリーディング

(7) コンクリートの圧縮強度

同一材齢における普通エコセメントコンクリートの圧縮強度は普通ポルトランドセメントよりもやや小さくなります.

普通エコセメントコンクリートでは普通ポルトランドセメントコ

ンクリートよりも水セメント比を3～5%小さくすることで同等の圧縮強度が得られます（図18）．

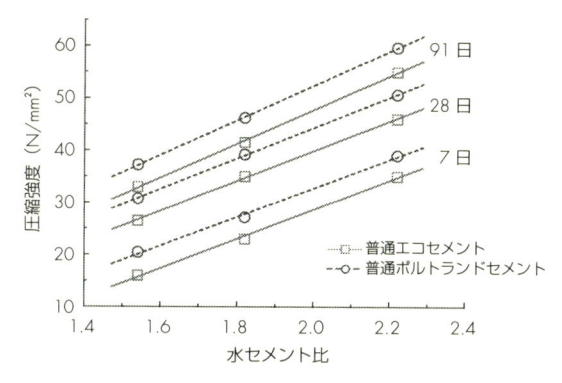

図18 コンクリートの圧縮強度

(8) コンクリートの乾燥収縮

コンクリートが乾燥によって縮む現象を乾燥収縮と言います．乾燥収縮は小さいほど好ましいと言えます．

普通エコセメントコンクリートの乾燥収縮率は普通ポルトランドセメントよりもやや小さくなります（図19）．

(9) コンクリートの凍結融解抵抗性

硬化したコンクリートが凍結した場合，コンクリート中の水分によって劣化を生じます．凍結融解試験は凍結・融解の繰り返しを行い動弾性係数を測定し凍結融解に対する抵抗性を評価します．

十分に空気量を連行させた普通エコセメントコンクリートの凍結融解抵抗性は普通ポルトランドセメント同様に高い抵抗性を示します（図20）．

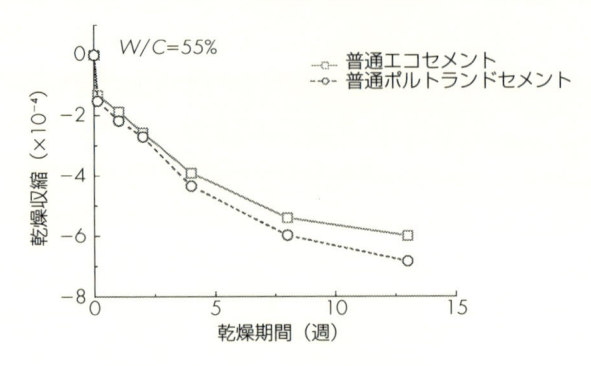

図19 コンクリートの乾燥収縮

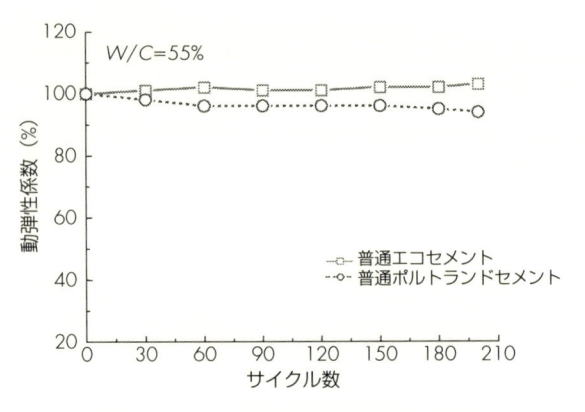

図20 コンクリートの凍結融解抵抗性

(10) コンクリートの中性化

コンクリートは pH 12 程度の高いアルカリ性を示しますが，コンクリート中の水酸化カルシウム $Ca(OH)_2$ が空気中の二酸化炭素と反応して炭酸カルシウムを生成し中性に近づくことをコンクリー

トの中性化と言います．

普通エコセメントコンクリート（EC）の中性化は同一の水セメント比では，普通ポルトランドセメント（NPC）よりも若干大きくなります（図21）．

普通エコセメントコンクリートの中性化は水セメント比を3～5%小さくし，強度を同一にすることにより普通ポルトランドセメントと同等となります．

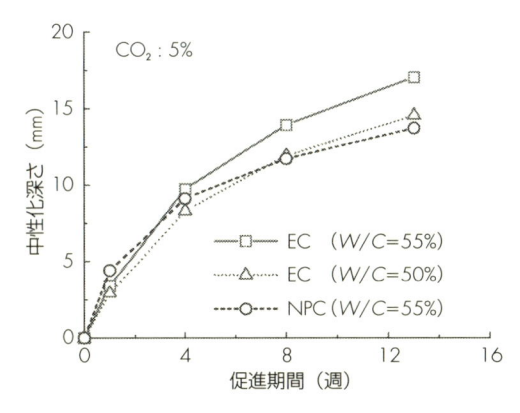

図21 コンクリートの中性化試験

(11) コンクリートの塩化物イオン量

普通エコセメントの塩化物イオン量（含有量）は通常400～500 ppmであり，普通ポルトランドセメントの塩化物イオン量約100 ppmを上回ります．しかしながら，普通エコセメントを使用したフレッシュコンクリートの水の塩化物イオン量は普通ポルトランドセメントとあまり変わらない数値を示します．

これは，普通エコセメントに含まれる塩化物イオンはクリンカ鉱

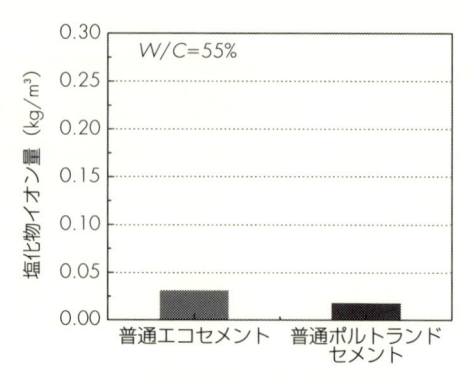

図22 フレッシュコンクリートの水の塩化物イオン量

物中に固定されるため,一部しかフレッシュコンクリートの水の中に溶出しないことによります.普通エコセメントからの塩化物イオンの溶出割合を図23に示します.

　フレッシュコンクリート中の水の塩化物イオン量は,普通エコセメントの可溶性の塩化物イオン及びその他の骨材,水などの使用材料から供給される塩化物イオンの総量を示すもので,JIS A 5308 レディーミクストコンクリートの9.5に規定される試験方法により求めることができます.しかし,普通エコセメントコンクリートの場合,この方法では普通エコセメントコンクリートに含まれる塩化物イオンの総量を過少に評価することになります.このため,普通エコセメントコンクリートの塩化物イオンの溶出特性を考慮し,普通エコセメントコンクリートの場合は,次式により求めた塩化物イオン量が0.30(又は0.60)(kg/m^3)の規制値以下であることを確認することにより行うこととしています.

$$A = B + \alpha \times C \times D/100$$

　ここに,

4.5 普通エコセメントを使用したコンクリートの品質・特性

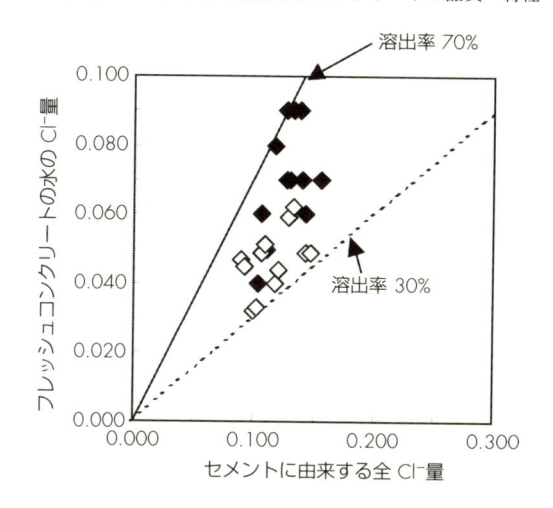

図 23 塩化物イオンの溶出割合

A: 普通エコセメントを用いたコンクリートの塩化物イオン量の品質管理値（kg/m³）
B: フレッシュコンクリート中の塩化物イオン量の測定値（kg/m³）
C: 普通エコセメントの塩化物イオン量（%）
D: 単位セメント量（kg/m³）
α: フレッシュコンクリート中の水に溶け出さずにセメント中に残存している塩化物イオン量の比率

「都市ごみ焼却灰を用いた鉄筋コンクリート材料の開発に関する共同研究報告書（マニュアル編）—普通エコセメントを用いたコンクリートの利用技術マニュアル」は，$\alpha=0.7$（＝塩化物イオン残存率70%）すなわち，塩化物イオン溶出率30%とすることによって安全側の運用が可能であるとしています[12]．

(12) 蒸気養生した場合の強度性状

表13のような配合,条件で蒸気養生を行った場合,普通エコセメントと普通ポルトランドセメントは,ほぼ同様な強度発現を示します.

表13 コンクリート配合

セメント種類	目標スランプ	目標空気量	W/C (%)	s/a (%)	単位量(kg/m³)		高性能AE減水剤 $C\times(\%)$	AE助剤 $C\times(\%)$
					W	C		
普通エコセメント	16±2.5	4.5±1.5	35	43	168	480	1.00	0.016 0
			40	44	168	420	0.80	0.009 0
			45	45	168	373	0.75	0.007 0
			50	46	168	336	0.80	0.006 0
			55	47	168	305	0.80	0.004 0
普通ポルトランドセメント	16±2.5	4.5±1.5	35	44	168	480	0.45	0.003 5
			40	45	168	420	0.35	0.003 0
			45	46	168	373	0.35	0.002 0
			50	47	168	336	0.30	0.002 0
			55	48	168	305	0.30	0.001 0

蒸気養生条件:
前置3 h → 昇温20℃/h → 保持65℃ - 3 h

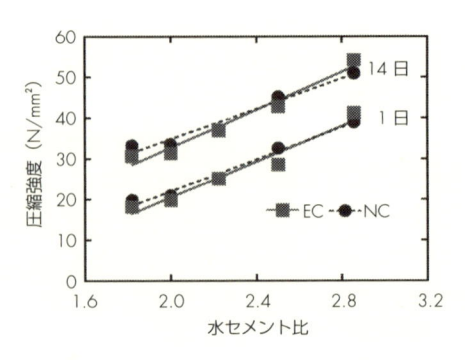

図24 蒸気養生における強度発現

4.6 普通エコセメントの用途

従来のセメントのJISでは用途に関しては特に規定されておらず,コンクリートに使った場合の塩化物イオン含有量や発熱などのセメントに関係する安全性は基本的には使用者が判断していました.しかし,エコセメントは,JIS R 5210 ポルトランドセメントに比べて塩化物イオン量がやや多く,使用実績が少ないことから,当面の措置として用途を限定することとなりました.普通エコセメントの用途は,無筋及び鉄筋コンクリートとし,単位セメント量の多い高強度・高流動コンクリートを用いた鉄筋コンクリートやプレストレストコンクリートは除くものとなりました.表14のような用途例が挙げられます.

(1) 生コンクリートへの使用例

世界初のエコセメント製施設である市原エコセメント施設は田原実証プラントで製造されたエコセメントを使用して建設されました.市原エコセメント建設当時,エコセメントはまだJISとして制定されていなかったため,鉄筋コンクリート構造物へのエコセメント適用については,(財)日本建築センターより耐久性評定を得,建設大臣認定を取って使用されました(表15).

普通エコセメントを生コンクリートとして使用した主な実績を表16に示します.

(2) コンクリート製品への使用例

普通エコセメントをコンクリート製品に使用した主な実績を表17に示します.

現在,既に建築用コンクリートブロック・窯業系ボード・一般土

表14 普通エコセメントの用途例

コンクリート種類		構造物及び製品の種類
鉄筋コンクリート	現場打ち	擁壁，橋梁下部工等
	プレキャスト製品	道路用鉄筋コンクリートL形側溝，道路用上ぶた式U形側溝，組立土留め，下水道用マンホール側塊，フリューム，ケーブルトラフ，道路排水用組合せ暗渠ブロック，鉄筋コンクリートL形擁壁，ボックスカルバート等
無筋コンクリート	現場打ち	園路等の舗装,重力式擁壁,重力式橋台,法枠，消波ブロック，消波根固めブロック，中埋めコンクリート，道路付属物基礎，集水桝基礎等
	プレキャスト製品	道路用境界ブロック，積みブロック，インターロッキングブロック，張りブロック，舗装用平板，道路用コンクリートL形側溝，連節ブロック，法枠ブロック，大形積みブロック等
捨てコンクリート		捨てコンクリート，均しコンクリート，強度の必要ない裏込めコンクリート

表15 市原エコセメント施設建設工事

呼び方	スランプ(cm)	空気量(%)	W/C(%)	s/a(%)	単位量				
					水	セメント	細骨材	粗骨材	混和剤
24–15–20	15	4.5	58.7	44.5	168	287	800	1 041	2.87
27–18–20	18	4.5	53.9	46.4	179	332	805	968	3.65

土木，建築構造物　約5 200 m^3

4.6 普通エコセメントの用途

ポンプ筒先

仕上げ

図25 生コンクリートへの普通エコセメントの使用
（市原エコセメント施設建設工事）

表 16 エコセメント使用生コンクリートの主な実績

発注者	工事名	施工時期	工種	打設量	事業の位置付け
建設省中部地建愛知国道事務所	安城改良舗装工事	H9.9	境界工	8 m^3（速硬）	パイロット事業
愛知県三河工務所	形原漁港修築工事	H9.12〜H10.3	消波ブロック工	96 m^3（速硬）	水産庁補助事業
愛知県三河工務所	漁港改良工事進入路(三河港)	H10.2	重力式擁壁	13 m^3（速硬）	
建設省土木研究所	建設省土木研究所朝霞環境施設工	H11.3	門壁工	4 m^3（普通）	
市原エコセメント株式会社	市原エコセメント施設建設工事	H11.3〜H12.3	躯体工	5 200 m^3（普通）	建築基準法38条に基づく大臣認定書
東京都西部公園緑地事務所	井の頭公園園路舗装工事	H12.2	舗装工	24 m^3（普通）	土木研究所共同研究の一環
東京都建設局	白子川比丘尼下流調整池工事	H12.6	越流堰工事	110 m^3（普通）	同上
建設省建築研究所	建築研究所研究施設建設工事	H13.3	基礎工	158 m^3（普通）	建築研究所共同研究の一環
千葉県市川市	塩浜地区護岸補修工事	H13.9〜H13.10	舗装復旧工	1 200 m^3（普通）	

木用コンクリート製品・土木用ブロック・インターロッキングブロックメーカー等の多くのユーザーがエコセメントを使用したコンクリート製品やボードなどを製造しています．市原エコセメントが設置されている千葉県では平成14年3月，県が平成14年度から発注するすべての公共事業に対し，コンクリート製品に原則としてエコセメントを使用することを通達しました．その納入製品は「千葉県型」として，側溝や擁壁，鉄筋コンクリートU型柵渠など11品目が指定されました．また，東京都や埼玉県などでも同様の動きが広

4.6 普通エコセメントの用途

表17 エコセメント使用コンクリート製品の主な実績

発注者	工事名	施工時期	使用製品	施工概要	事業の位置付け
千葉県土木部	排水整備工事 (国道297号線)	H12.11	県型側溝 県型甲蓋	試験施工 $L=10$ m	建設省土研共同研究の一環
千葉県土木部	交通安全対策工事(千葉茂原線)	H12.10	歩車道境界ブロック	試験施工 $L=10$ m	同上
千葉県土木部	道路維持排水整備合併工事 (大多喜君津線)	H12.10	県型側溝 県型甲蓋 積みブロック	試験施工 $L=10$ m (側溝・蓋) 5 m^3 (積みブロック)	同上
千葉県土木部	排水整備工事 (南総馬来田線)	H12.11	県型側溝	試験施工 $L=10$ m	同上
東京都建設局	街路築造工事 (補157浮間)	H13.12	プレキャスト街渠	試験施工 $L=20$ m	同上
国交省千葉国道事務所	八幡海岸舗装修繕工事 (国道16号線)	H13.7〜	歩車道境界ブロック	中央分離帯 $L=2\,000$ m	パイロット事業
国交省千葉国道事務所	潮見地区歩道設置工事 (国道16号線)	H13.7〜	地先境界ブロック	$L=3\,000$ m	同上
千葉県土木部	排水整備工事	H13.9	県型側溝 県型甲蓋	$L=20$ m	
環境省	環境研究所リサイクル棟新築工事	H13.8〜	インターロッキングブロック	$4\,500$ m^3	
埼玉県川本町	武川駅駐車場整備工事	H13.10	インターロッキングブロック	260 m^3	

＊エコセメントはすべて普通エコセメントを使用

がっており，加えてコンクリート製品向けのいっそうの用途開発も進められています．

各種コンクリート製品への普通エコセメントの適用範囲は表18のようになります．

表18 普通エコセメントの適用範囲

構造区分	URC				RC			PC		
製造方法 強度区分	18	24	30	40	24	30	40	24	30	40
振動加圧		**無筋** 平板 境界ブロック 土木ブロック	インターロッキング ブロック							
振動 小		平板 境界ブロック L型ブロック			RC1 L型 側溝	RC2 擁壁				PC1 枕木
		土木ブロック				土木ブロック				ボックス カルバート
振動 大						RC3 ボックスカルバート				橋桁
遠心						RC4 ヒューム管	推進管 パイル			PC2 パイル ポール

各種コンクリート製品への使用例を見ていきましょう．

4.6 普通エコセメントの用途

(1) URC（無筋コンクリート製品）
① 建築ブロック―振動加圧締固め（即脱）

区 分	物性確認試験結果					
	圧縮強度 (N/mm^2)		吸水率 (%)		気乾かさ比重	
	エコ	規格値	エコ	規格値	エコ	規格値
08	5.09	4	26.63	―	1.30	1.7 未満
12	7.22	6	13.98	―	1.73	1.9 未満
16	12.4	8	6.94	10 以下	2.11	―
型枠	35.9	20	6.87	10 以下	2.19	―

製 造 　　　　　　　　　完成品

施 工

図26 建築ブロック

② スプリットンブロック―振動加圧締固め（即脱）

区 分	物性確認試験結果								質 量	
	圧縮強度 (N/mm^2)		吸水率 (%)		気乾かさ比重		充てん率 (%)		(kg)	
	エコ	規格値	エコ	規格値	エコ	規格値	エコ	規格値	エコ	規格値
さがみ	37.1	18以上	3.4	―	2.45	―	98.6	―	38.9	35以上
さが	38.5	18以上	3.6	―	2.45	―	98.3	―	36.8	35以上

製 造

完成品

図27 スプリットンブロック

4.6 普通エコセメントの用途　71

③ インターロッキングブロック—振動加圧締固め（即脱）

区分	物性確認試験結果							
	圧縮強度 (N/mm²)		曲げ強度 (N/mm²)		吸水率 (％)		気乾かさ比重	
	測定値	規格値	測定値	規格値	測定値	規格値	測定値	規格値
エコ	52.2	33 以上	6.6	5.0 以上	4.26	—	2.29	—
普通ポルト	52.8		6.8		4.10	—	2.10	—

製　造 　　　　　　完成品

施　工

図 28　インターロッキングブロック

④ コンクリート瓦―振動加圧

物性確認試験結果							
曲げ過重 (N)		吸水率 (%)		吸水率		耐衝撃性 (目視)	
エコ	現行	エコ	現行	エコ	現行	エコ	現行
210	239	7.53	7.74	良好	良好	良好	良好

図29 コンクリート瓦

⑤ 大型積みブロック―振動

圧縮強度 (N/mm^2)		重量 (kg)	
エコ	現行	エコ	現行
26.3	26.0	3.60	3.58

図30 大型積みブロック

(2) RC-1（鉄筋コンクリート製品）

RC-1鉄筋コンクリート製品は設計基準強度 24 N/mm² で小型〜中型のものとなります．製造は比較的容易です．

○製造品目

千葉県型側溝，ふた（CH 25–30–30, CHL 25–30）

千葉県型歩車道乗入れブロック（FS–C）

○配合

W/C (%)	G_{max} (mm)	SL (cm)	Air (%)	s/a (%)	単位量 (kg/m³)				
					W	C	S	G	Ad
49	20	10±2	2	39	161	329	718	1 180	3.29

① コンクリート側溝：千葉県型側溝（CH 25–30–30）

製 造

完成品

図 31 千葉県型コンクリート側溝

強度特性：測定値＝76 kN（規格値 72 kN）

4. エコセメントの種類・品質・用途

② コンクリート側溝ふた:千葉県型側溝 (CHL-25-30)

製造

完成品

図32 千葉県型コンクリート側溝ふた
強度特性:測定値= 41.4 kN(規格値 27 kN)

③ 歩車道境界ブロック:千葉県型歩車道乗入れブロック (FS-C)

製造

完成品

図33 千葉県型歩車道境界ブロック
強度特性:測定値= 103 kN(規格値 60 kN)

(3) RC-2（鉄筋コンクリート製品）

RC-2鉄筋コンクリート製品は設計基準強度 40 N/mm^2 で中型～大型のものとなります．製造は養生管理が必要です．

○製造品目
　東京都型プレキャスト街渠（がいきょ）
　ベースブロック

○配合（AEコンクリート）

W/C	G_{max}	SL	Air	s/a	単位量 （kg/m^3）				
(%)	(mm)	(cm)	(%)	(%)	W	C	S	G	Ad
49	20	8.0±2.5	5.0±1.0	41	172	400	706	1 020	8

① プレキャスト街渠

製　造　　　　　　　　　完成品

システム完成

図34　プレキャスト街渠

(4) その他
① コンクリート景観製品

車止め　　　　　　　　　ベンチ

図35 コンクリート景観製品

② 消波ブロック

図36 消波ブロック

4.7 速硬エコセメントの品質・用途

速硬エコセメントの塩化物イオン量はセメント質量の0.9〜1.0%（規格値＝0.5%〜1.5%）と多いことから，用途は早期強度の発現性を生かした無筋コンクリートとなりました．

表19 化学成分比較（例）

	二酸化けい素 SiO$_2$	酸化アルミニウム Al$_2$O$_3$	酸化第二鉄 Fe$_2$O$_3$	酸化カルシウム CaO	三酸化硫黄 SO$_3$	全アルカリ R$_2$O	塩素 Cl
速硬エコセメント	15.3	10.0	2.5	57.3	9.2	0.50	0.90
普通エコセメント	17.0	8.0	4.4	61.0	3.7	0.26	0.04
普通ポルトランドセメント	21.2	5.2	2.8	64.2	2.0	0.63	0.01

表20 物理的性質（例）

	密度 (g/cm^3)	比表面積 (cm^2/g)	凝結時間(hr-mm) 始発	凝結時間(hr-mm) 終結	圧縮強さ(N/mm^2) 1日	3日	7日	28日
速硬エコセメント	3.13	5 300	0-09	0-13	25.0	38.0	52.5	58.0
早強ポルトランドセメント	3.13	4 340	2-03	2-50	27.0	43.0	57.0	65.0
普通エコセメント	3.17	4 300	2-30	4-00	10.0	27.0	40.0	55.0
普通ポルトランドセメント	3.17	3 220	2-22	3-30	14.5	27.5	43.0	59.0

速硬エコセメントは特に極めて短期の3時間強度，6時間強度が高くジェットセメントのような強度を示します．

速硬エコセメントは速硬性を生かし，コンクリート製品の生産性の向上に寄与します．例えば，木質系セメント板の結合剤マトリッ

クスとして利用することで速硬性を生かした早期解板における生産性の向上が認められています．

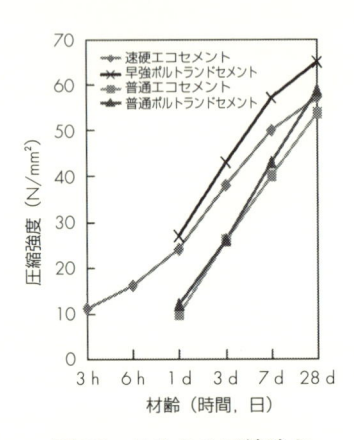

図37 モルタル圧縮強さ

図38 速硬エコセメント使用例
消波ブロック：愛知県三河港務所形原漁港修築工事

4.8 エコセメントの普及に向けて

エコセメントはJISの制定に合わせ，その品質が多方面から認められつつあります．普通ポルトランドセメントと同等に扱えることが，ユーザーの立場から実証される段階になってきています．さらには，次のような点からも今後エコセメントは普及に拍車がかかるものと思われます．

(1) コンクリートへの原料規定

今後，より広範にエコセメントが広まっていくためには，エコセメントを原料として使用するコンクリート製品のJIS（JIS A 5364：プレキャストコンクリート製品―材料及び製造方法の通則）において，エコセメントが原材料として規定される必要があります．また，生コンへのエコセメント使用においても，レディーミクストコンクリートのJIS（JIS A 5308）の原材料に規定される必要があります．現在，こうしたエコセメントの用途関係のJISも関係者の努力で改正が進められており，平成15年度中にはエコセメントはこれらのJISに原料規定されるものと思われます．

(2) 新技術情報提供システムおよびJH新技術への登録

エコセメントは「品質確保の確実性」があるとの評価を得ており，「民間等で開発された優れた新技術を公共事業において積極的かつ円滑に活用していくため有用な新技術情報を収集しよりいっそうの活用促進を図るシステム」である国土交通省関東地方整備局の新技術情報提供システムNETIS[14]に登録されています．また，日本道路公団のJH新技術[15]にも登録されています．

　○「国土交通省関東地方整備局：新技術情報提供システム登録

(2000 年 12 月：登録番号 KT–000119)」
○「日本道路公団：JH 新技術登録（2001 年 1 月：新技術整理番号 200100077）」

(3) エコマークの取得

エコセメントは平成 14 年 7 月 23 日にエコマーク商品として認定されました（認定番号：02123002）．エコセメントは環境保全に役立つ商品として，

① その商品の製造，使用，廃棄等による環境への負荷が，他の同様の商品と比較して相対的に少ない
② その商品を利用することにより，他の原因から生じる環境への負荷を低減することができるなど環境保全に寄与する効果が大きい

ことが評価されました．

(4) エコセメント指定化の動き

先に述べましたように，市原エコセメントが設置されている千葉県では平成 14 年 3 月，県が発注するすべての公共事業に対し，コンクリート製品に原則としてエコセメントを使用することを通達しました．その納入製品は「千葉県型」として，側溝や擁壁，鉄筋コンクリート U 型柵渠など 11 品目が指定されました．また東京都や埼玉県などでも同様の動きが広がっており，加えてコンクリート製品向けのいっそうの用途開発も進められています．

(5) グリーン購入調達品目への指定

現在，エコセメントはグリーン購入法に基づく特定調達品目候補群（ロングリスト）に挙げられています．国土交通省はエコセメン

4.8 エコセメントの普及に向けて　　　　81

トを直轄工事の試験採用品目 A 群に指定しており，今後，地方整備局のパイロット事業での使用実績積上げによるグリーン購入特定調達品目指定が期待されます．また，エコセメントはグリーン購入ネットワークが運営しているグリーン購入情報プラザにも登録しており，消費者はエコセメントに関する情報をグリーン購入情報プラザ[16]より入手することが可能です．

5. エコセメント施設

5.1 市原エコセメント施設

千葉県内の一般廃棄物排出量は年間約210万トン,そのうち約170万トンが焼却処理され,約24万トンの焼却灰が埋立処分されています.県内最終処分場の残余容量や6万トンが県外へ処分委託されている状況から最終処分量の削減は大きな課題となっています.

平成10年3月に策定された「千葉県一般廃棄物処理マスタープラン」では,従来の大量生産,大量消費,大量廃棄という,環境への負荷の大きい社会経済システムを見直し,環境の保全と持続可能な発展を実現するため,資源循環型社会への転換が求められているとの認識のもとに,ごみの最終処分量を限りなくゼロに近づける「ゼロエミッション」の実現を目指すこととし,一般廃棄物処理の望ましいあり方を提案し,それを促進するための方策を示しています.この中で,千葉県におけるごみ処理の将来像として「ゼロエミッションに向けた千葉県一般廃棄物処理の基本フロー」を示しており,エコセメントは焼却灰の有効利用の新技術と位置付けられました.

「千葉県一般廃棄物処理マスタープラン」のゼロエミッション構想を受けて平成11年3月には「千葉県エコタウンプラン」が策定されました.このエコタウンプランの基本理念としては「ゼロエミッション構想を推進するため,民間の技術力及び資本力を活用した再資源化施設の整備により,新技術によるリサイクルシステムを実現した都市づくりを目指す」ことを掲げており,基本構想として次

の5項目を挙げています.
① エコタウンエリア内の市町村から発生する一般廃棄物の最終処分量を,可能な限りゼロに近づける.
② エコタウンエリア内の臨海部工業専用地域の事業所から発生する廃棄物の最終処分量を,可能な限りゼロに近づける.
③ 広域的に対応することで,効率的,高度処理の可能な一般廃棄物の処理計画を策定・提示する.
④ ダイオキシン類等が及ぼす環境への影響負荷の軽減を図る.
⑤ 環境関連産業の育成・振興により,独創的・先駆的な処理技術を導入し,地域の振興を図る.

千葉県エコタウンプランは,「最終処分量の削減」,「環境への影響負荷の軽減」に加え,環境関連産業の活性化によって「地域振興」を図ることを目的としています.従来公共工事として行ってきた廃棄物処理事業の分野において,技術力及び資本力を有する民間事業者を活用することにより,環境関連産業という新たな産業を創出し,地域経済の活性化など地域振興にも寄与しようとするものです.

以上のような基本理念,目的・ねらいの下に官民共同でつくりあげたのが千葉県におけるエコセメント事業,市原エコセメントです.

市原エコセメントの事業の形態は「純民間事業」ですが,その施設の建設に当たっては,国からの補助「環境調和型地域振興施設整備助成制度」(エコタウン補助金制度),千葉県からの補助を受けています.

市原エコセメントの事業化に当たっては次のような経緯をたどりました.

○平成9年6月

千葉県環境生活部の指導の下,県内市町村と事業者が参加した「千葉県エコセメント事業化研究会」がスタート.この研究会

5.1 市原エコセメント施設

で国のエコタウン助成制度が適用されれば事業化が可能との見通しが得られる．
○ 平成 10 年 5 月
「千葉県エコセメント事業化研究会」の見通しを基に
「千葉県エコセメント事業連絡調整会議」が発足．
○ 平成 10 年 12 月
事業会社：市原エコセメント株式会社設立．
○ 平成 11 年 1 月
「千葉県エコタウンプラン」を経済産業省と環境省が承認．
○ 平成 11 年 3 月
千葉県及び市原市からの施設設置許可，施設建設許可が出され，建設工事に着手．
○ 平成 13 年 4 月
市原エコセメント株式会社開業．

```
市原エコセメント株式会社概要[17]
  社    名：市原エコセメント株式会社
  設    立：平成 10 年 12 月
  資  本  金：4 億 8 千万円
            （太平洋セメント株式会社と
             三井物産株式会社の共同出資）
  所 在 地：千葉県市原市八幡海岸通 1–8
  開    業：平成 13 年 4 月
  廃棄物の処理量：都市ごみ焼却灰等一般廃棄物
              年間　6 万 2 千トン（計画値）
            汚泥，燃え殻等産業廃棄物
              年間　2 万 8 千トン（計画値）
  エコセメント生産量：年間　11 万トン（計画値）
```

5. エコセメント施設

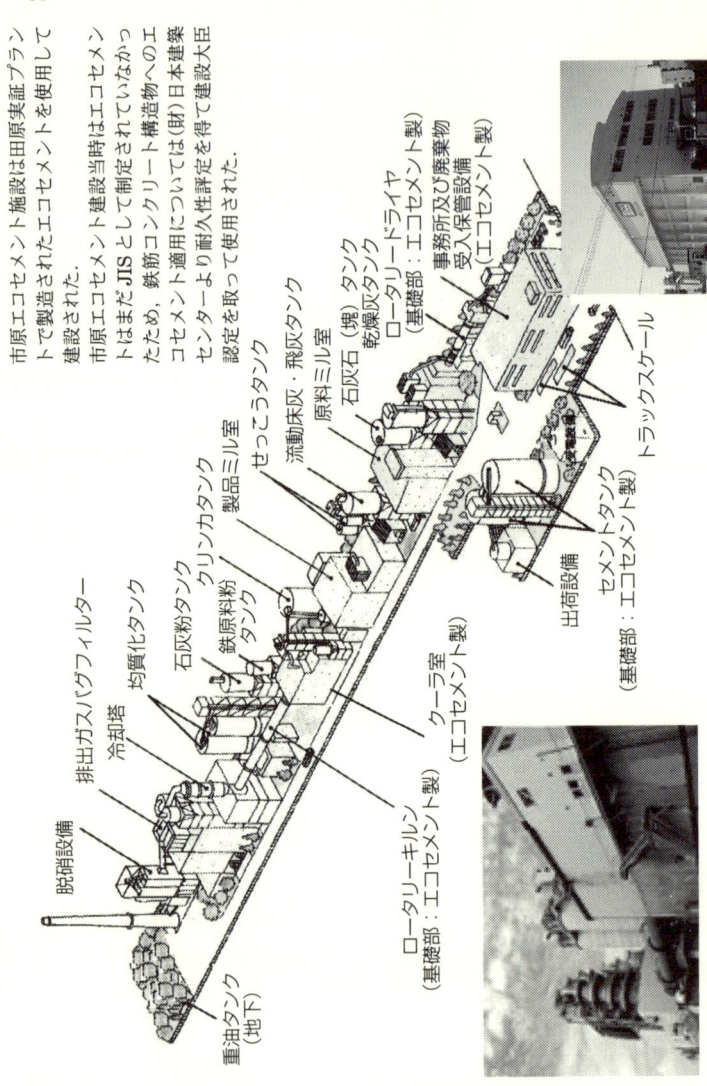

市原エコセメント施設は田原実証プラントで製造されたエコセメントを使用して建設された。

市原エコセメント建設当時はエコセメントはまだJISとして制定されていなかったため、鉄筋コンクリート構造物へのエコセメント適用については(財)日本建築センターより耐久性評定を得て建設大臣認定を取って使用された。

図39 市原エコセメント施設図

施設のラベル:
- 脱硝設備
- 排出ガスバグフィルター
- 冷却塔
- 均質化タンク
- 重油タンク(地下)
- ロータリーキルン(基礎部:エコセメント製)
- 石灰粉タンク
- 鉄原料タンク
- クーラ室(エコセメント製)
- クリンカタンク
- 製品ミル室
- せっこうタンク
- 流動床灰・飛灰タンク
- 原料ミル室
- 石灰石(塊)タンク
- ロータリードライヤ乾燥灰タンク
- ロータリードライヤ(基礎部:エコセメント製)
- 事務所及び廃棄物受入保管設備(エコセメント製)
- 出荷設備
- セメントタンク(基礎部:エコセメント製)
- トラックスケール

5.1 市原エコセメント施設

市原エコセメントでは図40のような製造フローでエコセメントを製造します[18]。

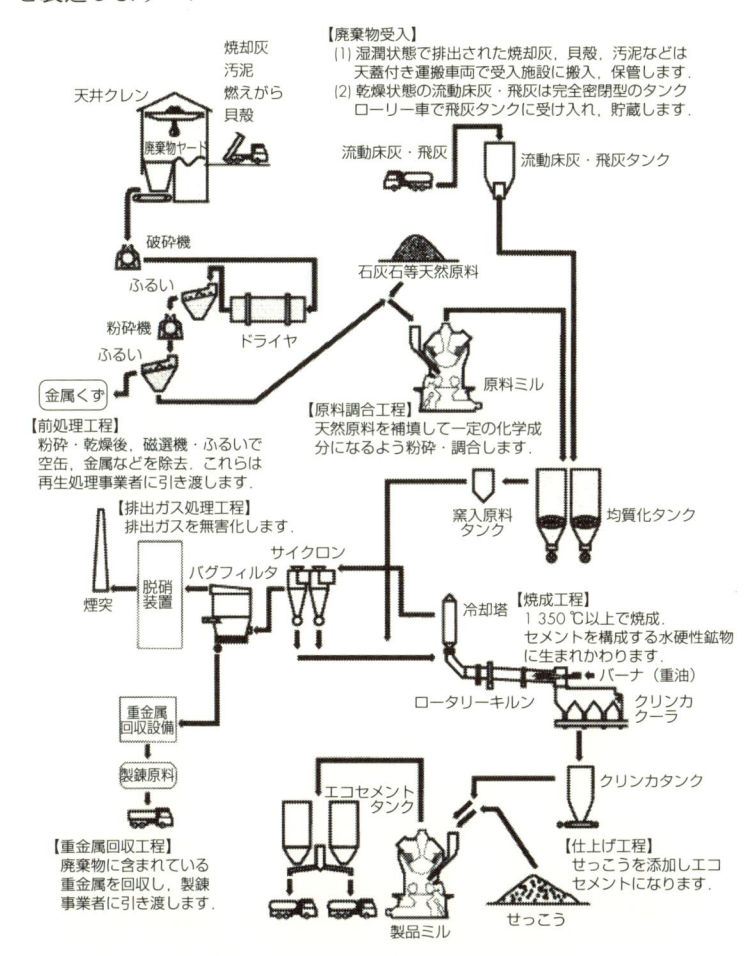

【廃棄物受入】
(1) 湿潤状態で排出された焼却灰，貝殻，汚泥などは天蓋付き運搬車両で受入施設に搬入，保管します．
(2) 乾燥状態の流動床灰・飛灰は完全密閉型のタンクローリー車で飛灰タンクに受け入れ，貯蔵します．

【前処理工程】
粉砕・乾燥後，磁選機・ふるいで空缶，金属などを除去．これらは再生処理事業者に引き渡します．

【原料調合工程】
天然原料を補填して一定の化学成分になるよう粉砕・調合します．

【排出ガス処理工程】
排出ガスを無害化します．

【焼成工程】
1 350 ℃以上で焼成．セメントを構成する水硬性鉱物に生まれかわります．

【重金属回収工程】
廃棄物に含まれている重金属を回収し，製錬事業者に引き渡します．

【仕上げ工程】
せっこうを添加しエコセメントになります．

図40 市原エコセメント製造フロー

市原エコセメント(株) 平成13年度 業況

1. 廃棄物処理状況及び収支

	13上期 実　績	13下期 実　績	13年度 実績合計	14年度 予　想
一般廃棄物委託自治体数	12団体	22団体	22団体	28団体
同　上　構成自治体数	22市町村	41市町村	41市町村	51市町村
一般廃棄物委託数量	14 144トン	17 647トン	31 791トン	57 600トン
産業廃棄物委託数量	174トン	3 317トン	3 490トン	18 400トン
廃棄物処理合計数量	14 318トン	20 963トン	35 281トン	76 000トン
エコセメント生産量	15 635トン	25 357トン	40 992トン	91 000トン
エコセメント販売量	14 557トン	23 671トン	38 228トン	91 000トン

2. 工場見学者の数(3月末日現在)

平成13年度実績	5 981名
昨年度からの累計	7 129名

3. 煙突からのダイオキシン濃度測定結果

平成13年3月測定	0.004 ng-TEQ/m^{3}N
平成13年4月測定	0.005 ng-TEQ/m^{3}N
平成13年7月測定	0.001 ng-TEQ/m^{3}N
平成13年11月測定	0.008 ng-TEQ/m^{3}N

※規制値
　　0.1 ng-TEQ/m^{3}N
※自主規制値
　　0.05 ng-TEQ/m^{3}N

4. 原材料・エコセメント他　運搬車両台数

平成13年度実績合計	9 685台
同上1日当たり平均	31台(日曜を除く日数311日で割った数値)

市原エコセメントで製造するエコセメントは全量が汎用性の高い普通エコセメントです．製造された普通エコセメントは太平洋セメントが全量を買い取り，太平洋セメントが自社の販売網に乗せてユーザーに販売します．

　市原エコセメントは，稼動初年度である平成13年度は千葉県内自治体からの廃棄物委託量が少なく稼動率は50％程度でしたが，平成14年度は順調に委託量を増やし80％～90％程度の稼動率に，平成15年度は100％近い稼動率になると思われます．

5.2 多摩エコセメント施設

　現在，東京都多摩地域で発生する焼却灰は不燃物等の他の最終処分廃棄物とともに，東京都三多摩地域廃棄物広域処分組合（多摩地域25市1町で組織する一部事務組合，以下「処分組合」）が，二ツ塚処分場に埋め立てています．平成13年度末には二ツ塚処分場の全埋立容量の約1/4が埋立終了し，現状のまま埋立処分を続けていくと平成25年度には満杯となり，新たな最終処分場が必要となります[19]．しかし，多摩地域で新たな最終処分場を建設する用地を確保することは極めて困難な状況であり，一部自治体では溶融技術導入の検討もなされていますが，各焼却場の立地状況，各焼却場の更新時期の違いなどにより溶融技術の全面的な導入は困難であろうと思われます．

　処分組合は焼却灰を有効にリサイクルできる技術としてエコセメント技術に着目しました．焼却灰の全量をエコセメントの原料にすることにより埋め立てられる廃棄物の量を大幅に減少させ，多摩地域におけるリサイクルの推進，二ツ塚処分場の有効活用及び安全な埋立対策の一層の推進を図るとして，処分組合は，エコセメント技術・事業について，プラントの安全性，環境に対する影響，エコセ

メントの販路の確実性,最終処分場の延命効果及び財政負担の軽減等の面から評価を行い,平成11年2月「エコセメント化施設導入基本計画」を策定しました.この計画を受けて,多摩地域ごみ減量・リサイクル推進会議において,焼却灰のエコセメント化は多摩地域全市町村で取り組んでいくことが確認されました.

平成11年6月には具体的にエコセメント事業の事業化を検討するための 東京都,処分組合組織団体代表,処分運組合事務局から成る「エコセメント事業基本計画検討委員会」が組織され,焼却灰の発生量,事業運営主体,販路の確保などについての検討が行われ,平成12年4月に「エコセメント事業基本計画」が公表されました.

平成12年8月には環境影響評価手続きにかかわる現況調査が開始され,平成13年4月には「環境影響評価調査計画書」の公示・縦覧が行われました.平成14年7月には「環境影響評価書案」が東京都へ提出され「エコセメント事業実施計画書」が公表されました.

「エコセメント事業実施計画書」に示される事業計画の概要は表21のとおりです.

この「エコセメント事業実施計画書」において事業実施方法は,表22に示されるような比較検討がなされ,最終的には「PFI法の趣旨に基づく公設・民営(DBO)方式」が採用されました[19].

処理能力は焼却残さ(焼却灰)約330トン/日で,日の出町の二ツ塚処分場内に建設され,施設建設費は約265億円,修繕費及び大型修繕の年間積立分を除いた事業運営費は26.4億円/年となりました.

平成17年度末には施設稼動となる見込みです.

5.2 多摩エコセメント施設

表21 エコセメント事業実施計画の概要

名　　称	多摩地域廃棄物エコセメント化施設建設事業
位　　置	東京都西多摩郡日の出町大字大久野7642番地
面　　積	計画施設用地面積約4.6 ha (二ツ塚処分場全体面積約59.1 ha)
施設規模	焼却残さ等の処理能力約330トン/日 エコセメント生産能力約520トン/日
主な建築物等	管理棟　　：鉄筋コンクリート造(一部鉄骨造) 諸設備棟：鉄筋コンクリート造及び鉄骨造 煙　突　　：鉄筋コンクリート造，高さ59.5 m， 　　　　　　T.P. + 359.5 m 諸設備　　：屋外設置の焼成炉等
処理対象物	多摩地域各市町村のごみ焼却施設から排出される焼却残さ，溶融飛灰，その他(不燃物中の石・陶器類，し尿汚泥焼却灰)及び二ツ塚処分場に分割埋立された焼却残さ
工事着工年度	平成14年度(造成工事着工予定)
施設稼動年度	平成17年度(予定)
事業実施方式	PFI法の趣旨に基づく公設・民営(DBO)方式

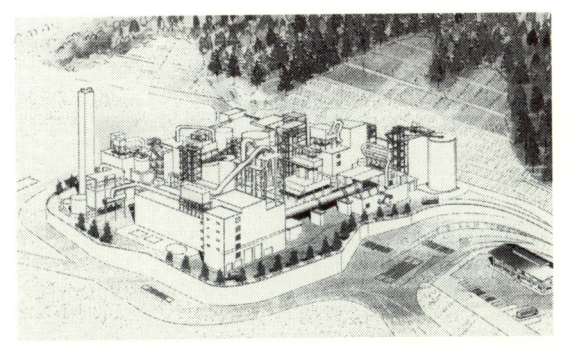

図41 多摩エコセメントプラント完成予想図

5. エコセメント施設

表22 各事業方式の評価の概要

	公設公営方式	公設・運営販売一括委託方式	PFI法の趣旨に基づく公設・民営方式 DBO方式	PFI法に基づく民設・民営方式 BTO方式	PFI法に基づく民設・民営方式 BOT方式
形態	設計・施工	設計・施工+運営販売一括委託契約	設計・施工・運営	設計・施工・引渡・運営	設計・施工・所有(運営)・引渡
計画	公共	公共	公共	公共	公共
設計・施工	公共(民間に発注)	民間	民間	民間	民間
運転・維持管理	公共(直営又は民間に業務委託)	民間に業務委託			
販売	公共(民間に業務委託)				
所有	公共	公共	公共	公共	民間
資金調達	公共	公共	公共	民間	民間
事業監視	公共	公共	公共	公共	公共
建設に関する特徴	公共が施設の運転・維持管理を行うため、余裕のある仕様で設計	設計・施工と運転を分離して発注。性能発注(設計・施工付契約)方式により性能条件を満足する範囲で民間の創意工夫	運転を行う民間が自ら施設の設計・施工。性能発注方式により、性能条件を満足する範囲で民間の創意工夫	運転を行う民間自らが性能条件を満たす範囲で設計・施工。建設後すぐに施設を公共に引き渡す。	運転を行う民間自らが性能条件を満たす範囲で設計・施工。建設後すぐに施設を公共に引き渡す。
運営販売に関する特徴	販売業務は別発注のため、他方式に比べコストダウンのインセンティブが働きにくい.	運営と販売を一括委託するため、創意工夫を引き出し、コスト減が図れるが、単年度契約のため、営業利益が負荷され、また事務手続きが繁雑	設計に運営の視点が反映されるため、効率化などの創意工夫が発揮される。長期契約のため、運営販売一括委託方式に比べコスト減が図れる.	設計に運営の視点が反映されるため、効率化などの創意工夫が発揮される。長期契約でコスト減が図れる反面、税金や資金調達金利等の発生がコスト増につながる.	設計に運営の視点が反映されるため、効率化などの創意工夫が発揮される。長期契約でコスト減が図れるが、BTO方式に比べ、さらに施設所有にかかわる税金等が発生する.
建設コスト比	1.18	1	0.95	0.95	0.95
運営コスト比	1.15	1	0.88	1.06	1.16
トータルコスト比	1.15	1	0.89	1.06	1.13

※運営コストは1年当たりの負担、トータルコストは建設3年、運営期間20年とした場合の事業期間の負担の総額とし、公設・運営販売一括方式を1として比較した。

5.3 その他のエコセメント施設

現在，生産能力 110 000 トン/年の市原エコセメントが既に稼動し，生産能力 130 000 トン/年の多摩エコセメントが平成 17 年度末までに建設されることが決定しています．

静岡県・横浜市・川崎市・北海道・大阪府・大阪市・名古屋市・神奈川県等の各地の自治体でも，エコセメントの，廃棄物処理における有用性・製造フロー・施設の環境安全性・製品品質・製品安全性・用途・事業性に関する勉強会が実施されるなどエコセメント施設の検討が行われており，将来的には，数十万トンのエコセメントが供給される可能性があるものと思われます．

5.4 エコセメント施設導入によるメリット

エコセメント施設を導入することにより，地方自治体は下記のメリットを得ることが可能となります．

(1) **エコセメント施設は最終処分場の延命化，不要化に寄与します．**
   ○ 広域的な対応，効率的かつ高度な処理を実現します．
   ○ 既設最終処分場の有効利用により延命化が可能となります．
   ○ 最終処分場の新設を不要とし自治体の財政負担の軽減に寄与します．

(2) **環境負荷の軽減，将来リスクの回避を図ります．**
   ○ 廃棄物ゼロの完全リサイクルを達成できます．
   ○ 焼成による再生処理を行うため，溶融・セメント固化・薬剤処理施設などの設置，運営を不要とできます．

- ダイオキシン・重金属類が及ぼす環境への影響負荷・将来リスクを低減できます．
- 処分場の維持管理費用など自治体の財政負担の軽減に寄与します．

(3) 公共事業への民間活力の利用が図れます．
- 民間経営資源（企画・営業力，技術・開発力，インフラ，商・物流網）を活用できます．
- 事業の迅速な立案，実行が可能です．
- 公共財源支出の削減：建設，維持，運営を民間が責任を持って遂行します．
- 廃棄物処理からエコセメントの販売まで一貫したサービスが提供されます．

6. エコセメントの環境負荷低減内容

エコセメントはごみ処分負荷の軽減及びこれに起因する環境破壊の防止に貢献します．エコセメントの環境負荷低減内容は次のとおりです．

6.1 地球温暖化対策

エコセメントは都市ごみ焼却灰の処理・埋立処分等に起因する二酸化炭素を抑制します．

都市ごみ焼却灰を埋立処分した場合・灰溶融炉施設で処理した場合と，エコセメント原料として利用した場合のCO_2排出量の比較例を示します．全体の需給バランスを合わせるため，焼却灰がすべて埋立処分されている間，セメント工場ではセメントが生産され，採石場では骨材が採掘されているものとしてLCA比較を行うと図42のようになります．天然資源を用いて製造されるセメントに代

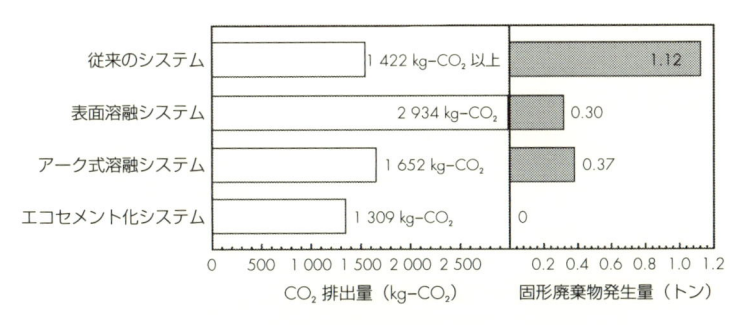

システム	CO_2排出量（kg-CO_2）	固形廃棄物発生量（トン）
従来のシステム	1 422 kg-CO_2 以上	1.12
表面溶融システム	2 934 kg-CO_2	0.30
アーク式溶融システム	1 652 kg-CO_2	0.37
エコセメント化システム	1 309 kg-CO_2	0

図42 環境負荷の比較

わってリサイクルセメントであるエコセメントが製造され，結果として二酸化炭素の排出量を抑制することができます[20]．

6.2 廃棄物処理

エコセメント1トンにつき乾燥ベースで廃棄物を500キログラム以上使用します．エコセメント施設導入により，都市ごみ焼却灰・産業廃棄物最終処分量は削減されます．

平成13年4月より稼動した市原エコセメントでは最大で年間62 000トンの一般廃棄物を処理することとなっており，これにより，千葉県から他県へ搬出されている焼却灰の大部分は市原エコセメントで処理されることとなります．また，東京都三多摩地域廃棄物広域処分組合は，「エコセメント事業基本計画」の中で，「東京都日出町二ツ塚最終処分場の残余年数16年がエコセメント製造施設導入により約30年に延命される」と試算しています．

6.3 有害化学物質

エコセメント製造施設では，都市ごみ焼却灰中のダイオキシン類を焼成により無害化します．また，鉛・亜鉛・銅などの重金属類を回収し精錬所で再資源化します．エコセメント施設は有害化学物質を無害化し二次的な廃棄物を排出しないゼロエミッションを達成します．

また，エコセメントに残存する重金属類は微量であることが確認されています．さらにはそれら重金属類はセメント硬化体中に取り込まれるため環境への影響は極めて小さくなります．

6.4 天然鉱物資源の枯渇防止

エコセメント施設導入により，天然の石灰石，粘土，けい石使用

6.4 天然鉱物資源の枯渇防止

量は都市ごみ焼却灰使用量に応じて削減できます．また，重金属回収設備の設置により都市ごみ焼却灰中に含まれる銅，鉛等を山元還元するため，天然銅・鉛鉱物等を延命できます．

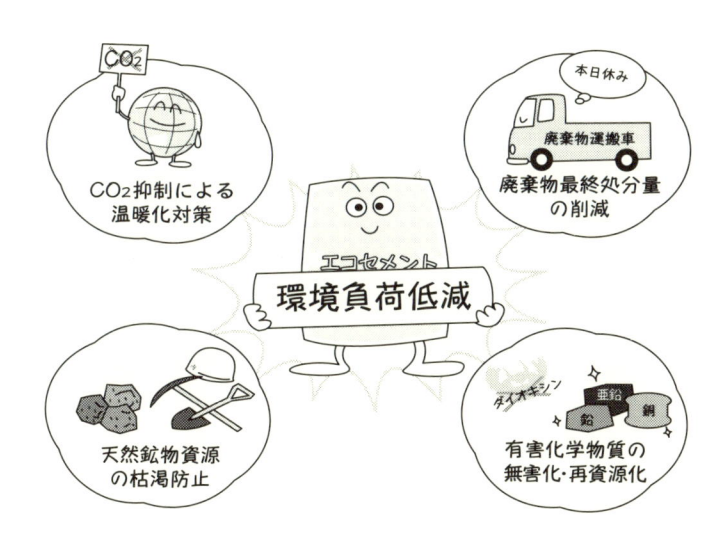

7. エコセメント以外の都市ごみ焼却灰処理技術

7.1 都市ごみ用焼却炉の形式

都市ごみを焼却する焼却炉の代表的なものには,次のようなものが挙げられます.

(1) ストーカ式焼却炉

ストーカ式焼却炉とは,往復運動をするストーカ(火格子)に都市ごみを供給し都市ごみを前方に移動させながら燃焼するタイプの焼却炉です.現在,最も多くの実績を持つタイプの焼却炉です.

ストーカ式焼却炉からは,焼却主灰と焼却飛灰が各々排出されます.焼却主灰は都市ごみを燃焼した燃殻であり,焼却炉を出たあと

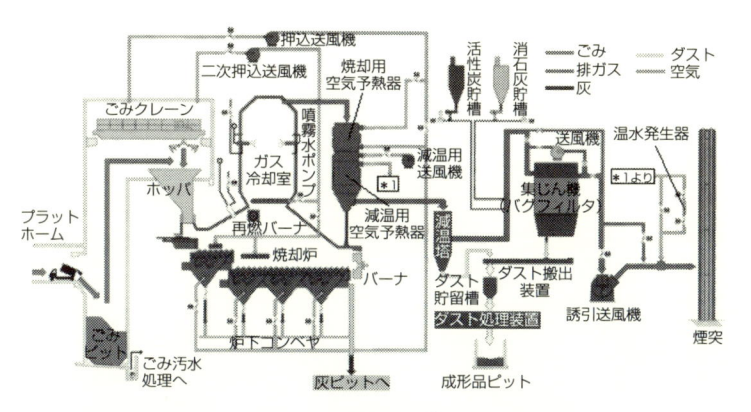

図43 ストーカ式焼却炉[21](荏原製作所)

いったん水没されるため水分を数十％程度含んでいます．また，焼却飛灰は燃焼空気とともに排出される飛灰であり，塩素やアルカリ等の揮発成分を多く含みます．集じん設備で捕集された焼却飛灰は「ばいじん」と呼ばれます．ばいじんはダイオキシン類や重金属が含まれていることから特別管理一般廃棄物に指定されます．

(2) 流動床式焼却炉

流動床式焼却炉は，炉内の砂を流動しつつ数百℃の高温に熱し，その中に都市ごみを供給して燃焼を行うタイプの焼却炉です．

流動床式焼却炉では不燃物が排出される他は，全量が流動床飛灰として排出されます．流動床飛灰は水分は含まず，化学成分はストーカ焼却主灰とストーカ焼却飛灰の中間となります．

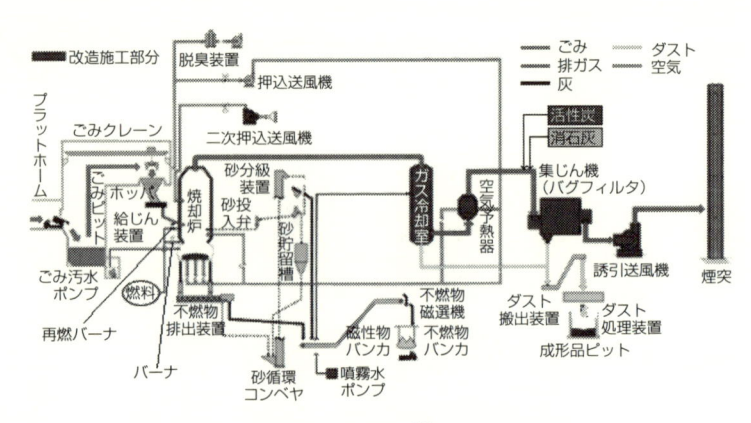

図44 流動床式焼却炉[22]（荏原製作所）

(3) ガス化溶融炉

ガス化溶融炉は，都市ごみを還元雰囲気下で燃焼・ガス化し，分離したガスと固形分をさらに1 300～1 500℃の高温で燃焼し，残った灰分を溶融するタイプの炉です．

ガス化溶融炉からは，都市ごみが溶融した溶融スラグと，重金属類や塩素・アルカリ等の揮発成分を多く含む溶融飛灰と呼ばれる飛灰が排出されます．

ガス化溶融炉には，流動床式，各種キルン炉との組合せ，直接溶融など様々な方式があります．

これらの都市ごみ用焼却炉から排出されるストーカ焼却主灰，ばいじん（溶融飛灰含む），流動床飛灰等の都市ごみ焼却灰は，ダイオキシン類や重金属類の有害物質や塩素等を含むため適切な処理が難しく，最終処分，すなわち埋立処分されていました．

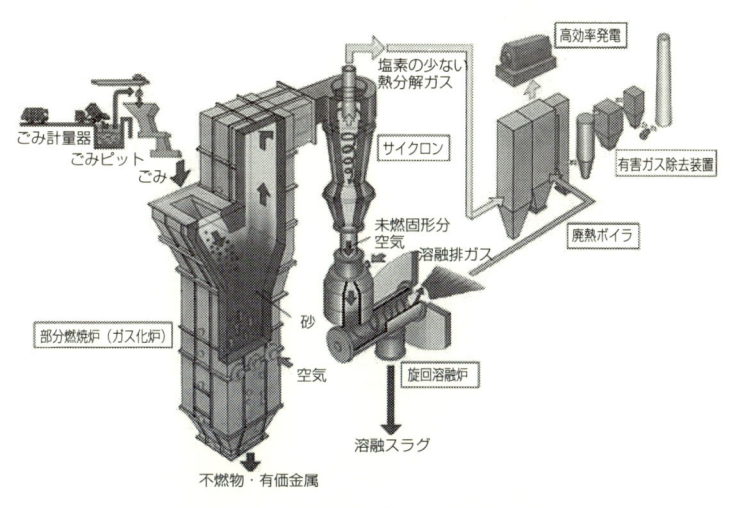

図45 ガス化溶融炉[23]（川崎重工業）

しかし，それらを埋め立てる最終処分場は新規の建設はなかなか難しく，逼迫(ひっぱく)の度を年々増しており，さらなる減容化や適切なリサイクルが求められているのが現状です．

これらに応えて開発されたのがエコセメントであり，次に紹介する灰水洗システム，灰溶融炉です．

7.2 灰水洗システム

本書で取り上げているエコセメント技術は，都市ごみ焼却灰のセメント資源化技術の代表的なものでありますが，その他の有力な都市ごみ焼却灰のセメント資源化技術として太平洋セメントが開発した灰水洗システムがあります．

灰水洗システムは，
- 焼却主灰はその中に混入している金属や異物を前処理設備で除去した後に，そのまま普通セメントの原料に使用
- ばいじんについてはその中に含まれる塩素を水洗設備で除去した後に，普通セメントの原料に使用するものです．

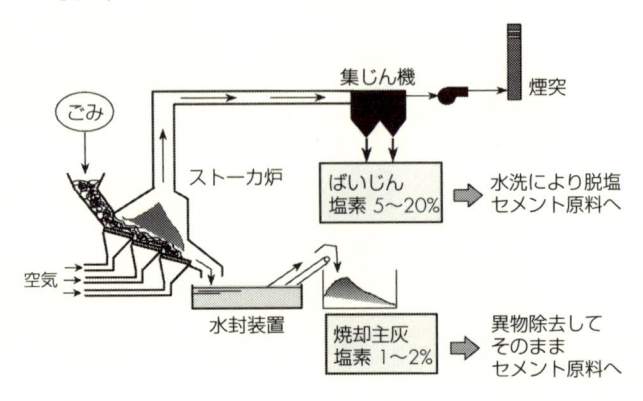

図46 灰水洗システムを利用した都市ごみ焼却灰の処理[24]

7.2 灰水洗システム

　重金属類は製造する普通セメントの中に取り込まれることになりますが，普通セメントの生産量は大量であり，生産されるセメントの品質にはほとんど影響を及ぼしません．また，ダイオキシン類はセメント製造工程の中で安全に分解・消滅します．

　灰水洗システムでは，塩素を除去した後の排水処理には，キルン排ガスを利用して重金属を除去する技術を採用しています．

　灰水洗システムは，平成9年度埼玉ゼロエミッション事業の一つとして太平洋セメント熊谷工場で実証実験が開始され，平成11年3月にその技術が確立されました．熊谷市の都市ごみ焼却灰のほぼ全量を安全に処理できることを実証実験で確認した後，実機設備の建設に取り掛かり，平成13年7月より埼玉県全域からの都市ごみ焼却灰を収集して事業がスタートしました．都市ごみ焼却灰処理能力は年間63 000トンであり，この量は現在埼玉県で埋立処分されている都市ごみ焼却灰の約25％に相当します．約4割を県外に依

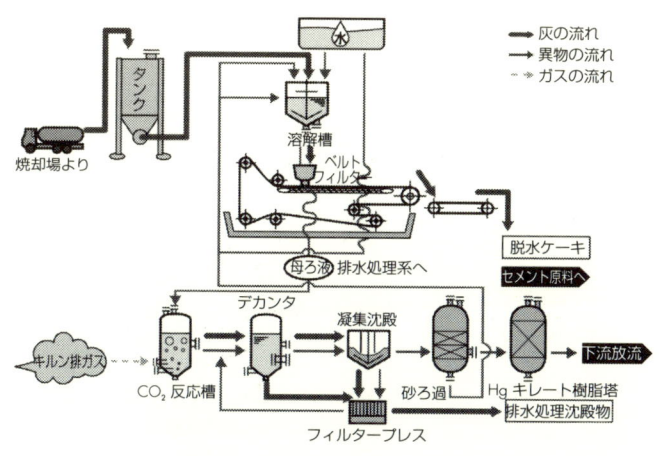

図47 灰水洗システムフロー[25)]

存している埼玉県の埋立処分依存度をほぼ半分に削減することが可能となりました.

同様のシステムは山口県でも運用されています[26].

7.3 灰溶融炉

都市ごみ焼却灰の処理には，エコセメントシステム，灰水洗システムといったセメント資源化システム以外に，灰溶融炉と呼ばれるものがあります.

灰溶融炉はストーカ焼却主灰や混合灰（焼却主灰＋焼却飛灰）を密閉した炉の中で溶融していくもので，飛灰単独では処理できる灰溶融炉はあまり多くありません．灰溶融炉にはプラズマ式，表面溶融式，電気抵抗式等の方式があります.

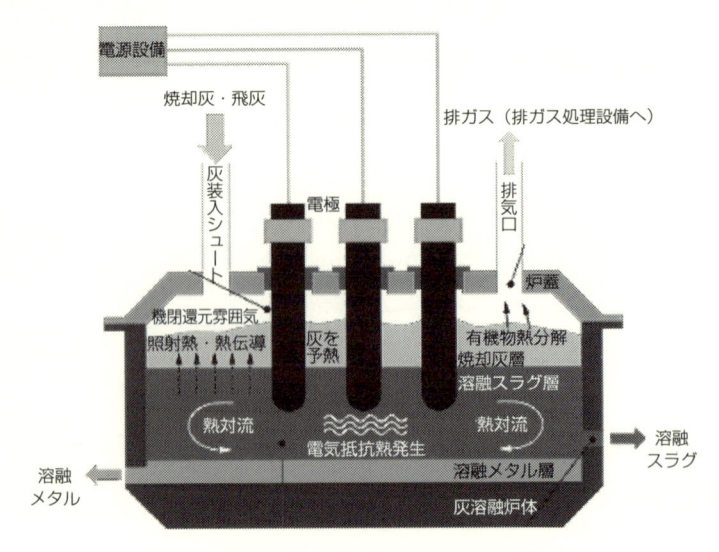

図48 電気抵抗式灰溶融炉[27]

7.3 灰溶融炉

　灰溶融炉では，灰は溶けて溶融スラグ，溶融メタルに比重分離されます．溶融スラグは道路の路盤材，コンクリート骨材，透水性歩道用ブロック，大型外装用焼成タイルなどに利用されます．灰溶融炉によっては排出される溶融スラグ中の重金属の溶出が懸念されるものもあります．溶融メタルは重機のカウンターウェイト等に利用されます．また，都市ごみのガス化溶融炉と同様に灰溶融炉からも溶融飛灰が発生します．溶融飛灰は通常はセメント固化され最終埋立処分されます．

　平成6年，逼迫(ひっぱく)する最終処分場の対策として，厚生省は「広域焼却灰等溶融資源化構想」を発表し，さらには，平成8年6月にはダイオキシン類対策として灰溶融設備を焼却炉に付帯するよう都道府県知事宛に通達を出しました（衛環第191号）．これにより灰溶融炉は今後普及していくものと思われますが，溶融スラグの品質改善や用途開発，埋立処分に頼らない溶融飛灰の適正処理等にさらに改善が望まれます．

8. エコセメント施設と灰溶融炉施設の比較

都市ごみ焼却灰処理設備としていろいろな側面から，エコセメント施設及び灰溶融炉施設の比較を行ってみましょう．

8.1 廃棄物処理性

エコセメント施設では様々なタイプの都市ごみ焼却灰を処理をすることが可能です．それに対し，塩基度の高いストーカ焼却飛灰を処理できる灰溶融炉施設は少なく，ストーカ焼却主灰もしくは混合灰（焼却主灰＋焼却飛灰）が処理対象となるケースがほとんどです．

表23 廃棄物処理性の比較

	エコセメント施設	灰溶融炉施設
処理対象	・ストーカ式焼却主灰・飛灰及び焼却炉形式不問 ・汚泥等可	・主にストーカ式焼却主灰が対象
前処理	＜焼却主灰・混合灰＞ 乾燥・磁選・粉砕必要 ＜焼却飛灰＞ 特になし	＜焼却主灰・混合灰＞ 乾燥・磁選・粒度調整必要 ＜焼却飛灰＞ 塩基度（CaO/SiO_2）が高いため，混合割合を制限されることがある

8.2 環境保全性

エコセメント施設,灰溶融炉施設とも,適切な処理対策を講じることにより,大気への排ガスは各種の規制値をクリアでき問題はありません.

エコセメント施設では重金属類回収工程から処理排水が排出されますが,この排水も適切な処理対策を講じることにより,水質規制値を十分クリアできます.

表24 環境保全性の比較

	エコセメント施設	灰溶融炉施設
排ガス中のダイオキシン	高温でのダイオキシン類分解,急速冷却による再合成防止により,定常的に0.00 ng-TEQ/m^{3}N を達成可能	適切な処理対策により規制値クリアは可能
排ガス中の大気汚染物質適染物質	適切な処理対策により大気汚染物質(NOx, SOx, HCl, ばいじん等)の規制値クリアは可能	適切な処理対策により大気汚染物質(NOx, SOx, HCl, ばいじん等)の規制値クリアは可能

8.3 生成物のリサイクル性

エコセメントは平成14年7月20日にJISとして制定されました.JISとして制定されたエコセメントは,エコセメントの用途として考えられるレディーミクストコンクリートのJISやプレキャストコンクリート製品のJISにも原料として規定されることが予定されています.千葉県通達もあり,市原エコセメント(株)で生産されているエコセメントは増加する生産量に応じて販売量も伸びており,用途関連のJISにエコセメントが原料規定されれば,さらに販

路は広がります．エコセメントのリサイクル性は非常に高いと言えます．

一方の溶融スラグも，一部のタイプの溶融スラグに重金属類溶出や強度不足が懸念されるものの，エコセメントのJIS制定と同日にTR（TR A 0016：コンクリート用溶融スラグ細骨材およびTR A 0017：道路用溶融スラグ）が公表されました．今後3年以内にはJISが制定されていくものと予想されます．

回収された重金属類は，エコセメント施設では人工鉱石として山元還元され，灰溶融炉施設では重機のカウンターウェイト等にリサイクルされます．

また，灰溶融炉施設からは溶融飛灰と呼ばれる重金属類や塩素・アルカリ等の揮発性成分を多く含む飛灰が排出されます．溶融飛灰はその成分・性状等から適切な処理が非常に困難な廃棄物であり，無害化安定処理した後，最終埋立処分するしかないのが現状です．

生成物のリサイクル性では，ゼロエミッション（＝廃棄物ゼロ）

表25　生成物のリサイクル性の比較

	エコセメント施設	灰溶融炉施設
利用用途	＜エコセメント＞ ○コンクリート製品など ○建築構造物 ○平成14年7月20日JIS制定（JIS R 5214） ＜重金属類＞ エコセメント製造工程で除去・回収された重金属類は山元還元される 最終廃棄物は"ゼロ"	＜溶融スラグ＞ ○路盤材・骨材など ○平成14年7月20日TR公表 ＜重金属類＞ 混合金属として回収されるため重機のカウンターウェイト等用途は限定される ＜溶融飛灰＞ 現状では無害化安定処理後最終埋立処分

8.4 生成物の安全性

エコセメント製品からの重金属類の溶出に関する安全性が十分確保されていることは廃棄物学会により確認されています.また,ダイオキシン類も製造工程で完全に破壊されるためエコセメントには残留しないことが確認されています.

灰溶融炉施設においては,揮発性の高い重金属類は溶融飛灰に分配されますが,それ以外の重金属類及び揮発性の高い重金属類の一部は溶融スラグに封じ込められます.灰溶融炉施設のタイプによっては溶融スラグから重金属類の溶出が見られたという報告もありますが,基本的には,溶融スラグも重金属類の溶出に関し安全であるとされています.また,灰溶融炉施設も高温で運転されるため,ダイオキシン類は溶融スラグには残存しません.

表26 生成物の安全性の比較

	エコセメント施設	灰溶融炉施設
ダイオキシン類	焼成工程で分解され,生成されるエコセメントにダイオキシン類は含まれない 焼成温度:1350℃以上 滞留時間:40分	溶融処理されることで,生成される溶融スラグにダイオキシン類は含まれない 溶融温度: 1000〜1800℃程度 滞留時間:数秒〜数時間
重金属類	エコセメント製造工程で重金属類は除去される エコセメントからの重金属類溶出に関する安全性は廃棄物学会により確認済	溶融スラグは重金属類を封じ込めるため安全とされている

8.5 運転安定性,維持管理性

エコセメント施設はこれまで長年の実績がある既存のセメント製造設備をベースに設計されており,施設の各所に安定した運転が可能なような配慮がなされています.平成13年4月より商用運転を開始した市原エコセメントも極めて安定した運転を2年近く続けており,運転安定性は全く問題がありません.エコセメント施設は施設の管理や製品エコセメントの品質管理を高いレベルで維持するために,基本的にはセメント製造技術を有するセメントメーカーもしくはその関連会社に,施設運営を委託するのが望ましいと思われます.

一方の灰溶融炉施設は,2001年12月末現在,
○プラズマ式・アーク式等の電気式灰溶融施設が19基
○回転式・輻射式等の燃料式表面溶融施設が22基
○都市ごみをそのまま溶融するガス化溶融施設が13基

稼動しており,実設備の運転基数ではエコセメント施設をはるかに上回ります.操業を停止した施設も一部ありますが,安定運転を継

表27 運転安定性,維持管理性の比較

	エコセメント施設	灰溶融炉施設
運 転	市原エコセメントでの商用安定運転の実績がある 運転管理や施設の維持管理,生産・販売を含めた事業運営は,委託が望ましい	技術的には確立しているとされている 運転管理については,メーカー又はその関連会社への委託が必要な場合が多い
補 修	オーバーホールは 2回/年 日数は約20日間/回	オーバーホールは 1〜2回/年 日数は3〜35日間/回

続している施設も多く,技術的には確立されていると評価できます.灰溶融炉施設も運転管理はメーカーやその関連会社に委託されるケースが多いとされます.

8.6 経済性

東京都三多摩地域廃棄物広域処分組合から公表された「エコセメント事業実施計画」によると,焼却灰処理能力約330トン/日の多摩エコセメントプラントの施設建設費は約265億円,修繕費及び大型修繕の年間積立分を除いた事業運営費は26.4億円/年となっています.

一方,前述の灰溶融炉施設41基の焼却灰処理能力平均値は約43トン/日であり,その建設費は5 000万〜1億円/灰トン程度,維持管理費は20 000円/灰トン程度とされています[28].

施設として適正な規模も異なり,生成物も異なるため,エコセメント施設と灰溶融炉施設の適切な比較は困難と思われますが,ほぼ同程度の経済性であると評価できます.

表28 経済性の比較

	エコセメント施設	灰溶融炉施設
施設規模 (灰処理量)	330トン/日 (多摩エコセメント)	7トン/日〜 250トン×2基/日
イニシャル コスト	265億円 (多摩エコセメント)	5 000万〜1億円/灰トン 程度
ランニング コスト	26.4億円/年 (多摩エコセメント:修繕費及び大型修繕の年間積立分を除いた事業運営費)	20 000円/灰トン程度

9. 資源循環型社会におけるエコセメント

9.1 資源循環型社会とは

　私達人類は地球上の様々な物質・エネルギーを利用し豊かで快適な生活を得ることに邁進（まいしん）してきました．効率的にそれを達成するために，次第に大量生産・大量消費を指向するようになり，その結果として地球の温暖化や砂漠化，オゾン層の破壊や酸性雨等に代表される環境破壊を招き，また，大量の廃棄物があふれかえるようになりました．

　従来の大量の廃棄物を生み出す経済・社会の構造は見直さざるを得ません．環境負荷を低減するための資源を循環しエネルギー消費を極力少なくするシステム，すなわち，資源循環型システムを実現する社会が求められるようになってきています．

　循環型社会形成推進基本法によれば資源循環型社会とは，「製品等が廃棄物等となることが抑制され，並びに製品等が循環資源となった場合においてはこれについて適正に循環的な利用が行われることが促進され，及び循環的な利用が行われない循環資源については適正な処分が確保され，もって天然資源の消費を抑制し，環境への負荷ができる限り低減される社会」とされています．

　環境を保全し資源循環型社会を目指すという動きは日本だけでなく世界全体でも起こっており，廃棄物その他の投棄による海洋汚染防止を防止するための「ロンドン・ダビング条約（1972年12月）」や，有害な廃棄物などの越境移動により人の健康及び環境に対する損害が発生することを防止するための「バーゼル条約（1989年3

月)」が採択されています.

今や,資源循環型社会は国境を越えて,世界の国が実現を目指すべきものと言えます.

9.2 我が国の現状

図43に日本のマテリアルバランス[29]を示します.我が国の廃棄物は年間4.8億トンに達し,最終処分場の残余年数は産業廃棄物で3.1年,一般廃棄物で8.8年と危機的な状況となっています[1),2)].

一方で,化石燃料・希有金属等の天然資源は,アジアをはじめとする世界的な人口増加により需要が高まってきており,これらの多くを輸入する我が国は今まで以上に有効利用を求められるようになってきています.また,地球温暖化防止へのCO_2削減への取組みやダイオキシン類等の有害物質への対処などに,我が国はいっそう積極的に取り組んでいかなければならない状況となっています.

9.3 法の整備

我が国では資源循環型社会の形成のため,環境基本法の下,平成13年1月に「循環型社会形成推進基本法」が完全施行されました.廃棄物適正処理のための「廃棄物処理法」とリサイクル推進のための「資源有効利用促進法」が車の両輪のように構築され,各々平成13年4月に施行されました.また,個別品目の特性に応じた規制を図るため,容器包装リサイクル法・家電リサイクル法・建設資材リサイクル法・食品リサイクル法・自動車リサイクル法が施行され,国等が率先して再生品などの調達を推進するためのグリーン購入法も施行されました.

我が国ではこのように先進的な資源循環型社会構築を目指した法の整備が進められました.

9.3 法の整備

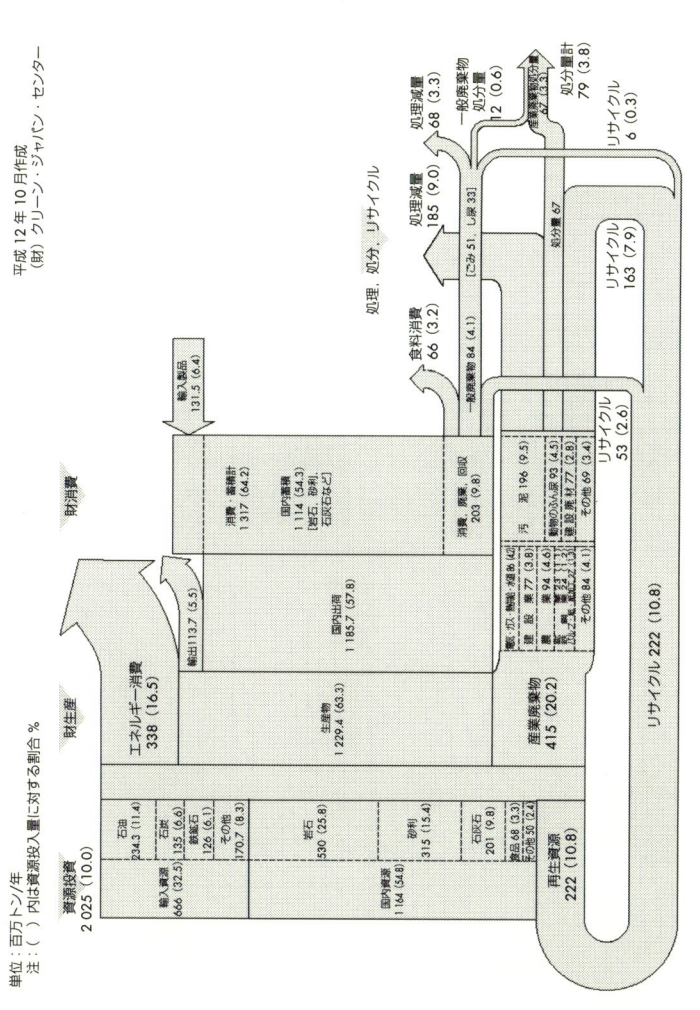

単位:百万トン/年
注:( )内は資源投入量に対する割合 %

平成12年10月作成
(財)クリーン・ジャパン・センター

図49 日本のマテリアルバランス[29]

9. 資源循環型社会におけるエコセメント

循環型社会の形成の推進のための法体系

環境基本法 H6.8 完全施行

環境基本計画

循環 ― 自然循環 / 社会の物質循環

H13.1 完全施行

循環型社会形成推進基本法（基本的枠組み法）
― 社会の物資循環の確保／天然資源の消費の抑制／環境負荷の低減

○基本原則, ○国, 地方公共団体, 事業者, 国民の責務, ○国の施策

循環型社会形成推進基本計画：国の他の計画の基本

< 廃棄物の適正処理 >　　< リサイクルの推進 >

一般的な仕組みの確立

H13.4 完全施行　　　　　　　　　　　　　　　　H13.4 完全施行

廃棄物処理法
①廃棄物の適正処理
②廃棄物処理施設の設置規制
③廃棄物処理業者に対する規制
④廃棄物処理基準の設定 等

拡充強化
不適正処理対策
公共関与による施設整備等

資源有効利用促進法
①副産物の発生抑制・リサイクル
②再生資源・再生部品の利用
③リデュース、リユース・リサイクルに配慮した設計・製造
④分別回収のための表示
⑤使用済製品の自主回収・再資源化
⑥副産物の有効利用の促進

拡充整備
〔1R → 3R〕

個別物品の特性に応じた規制

| 容器包装リサイクル法 | 家電リサイクル法 | 建築資材リサイクル法 | 食品リサイクル法 | 自動車リサイクル法 |

一部施行 H9.4 完全施行 H12.4　｜　完全施行 H13.4　｜　完全施行 H14.5　｜　完全施行 H13.5　｜　公布 H14.7 2年6月以内に完全施行

- ○容器包装の市町村による収集
- ○容器包装の製造・利用業者による再資源化

- ○廃家電を小売店が消費者より引取り
- ○製造業者等による再商品化

- ○工事の受注者が建築物の分別解体
- ○建築廃材等の再資源化

- ○食品の製造・加工・販売業者が食品廃棄物の再資源化

- ○製造業者等によるシュレッダーダスト等の引取り・再資源化
- ○関連業者等による使用済自動車の引取り・引渡し

完全施行 H13.4　**グリーン購入法** 国等が率先して再生品などの調達を推進

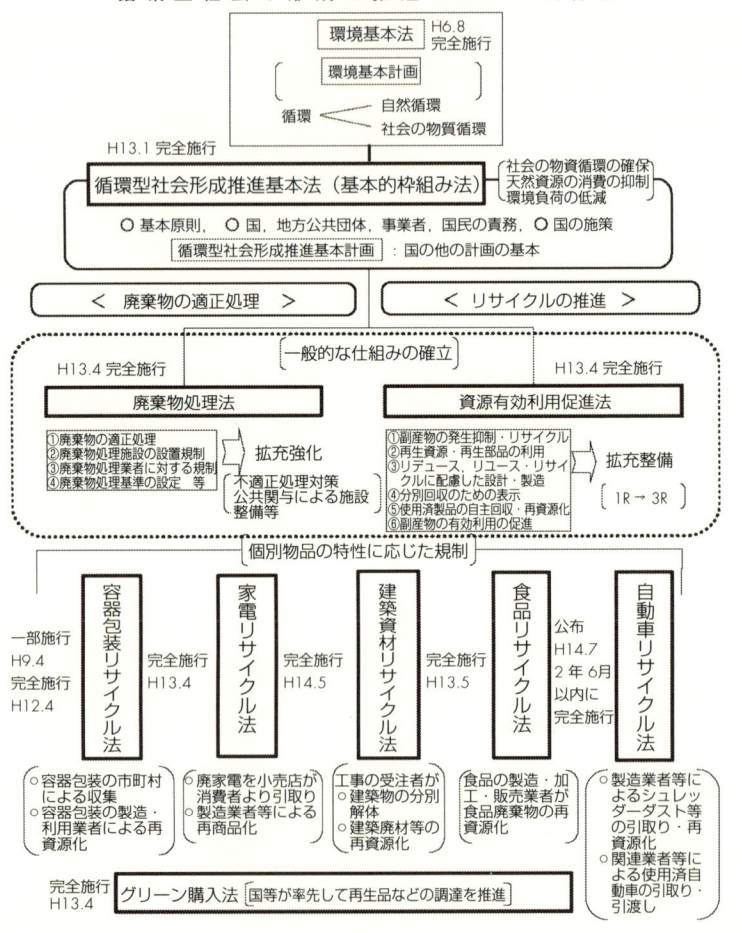

図50 循環型社会の形成の推進のための法体系[30]

9.4 資源循環型社会を目指して

今,資源循環型社会を実現するために,様々な取組みがなされています.資源有効利用促進法においてはリデュース(廃棄物の発生抑制)・リユース(部品等の再使用)・リサイクル(使用済製品の原材料としての再利用)の3Rの推進を目指しています.消費者は,

① 家具・家電・自動車などの長期間使用によるリデュース推進
② 詰替え商品を使った容器包装ごみの削減によるリユース推進
③ 分別排出によるリサイクル推進

等の行動が期待されており,また,事業者は,

④ リデュース配慮設計(製品の長寿命化のための修理や保守を容易に行える設計)の推進
⑤ リユース配慮設計(解体の容易性確保,部品の共通化,リユースしやすい材料の選定)の推進
⑥ リサイクル配慮設計(製造時の素材選定,使用時の配慮,使用後の分別の容易性確保)の推進
⑦ リユース部品使用
⑧ リサイクル材使用
⑨ 製品への分別回収の表示
⑩ 事業者による回収リサイクル

等を推進していく必要があります.

資源循環型社会の実現に向けた具体的な取組みとして,環境省と経済産業省は連携してエコタウン事業を推進しています.エコタウン事業は,「ゼロ・エミッション構想」を地域の環境調和型経済社会形成のための基本構想として位置づけ,併せて,地域振興の基軸として推進することにより,先進的な環境調和型まちづくりを推進

118   9. 資源循環型社会におけるエコセメント

平成14年5月現在・16地域

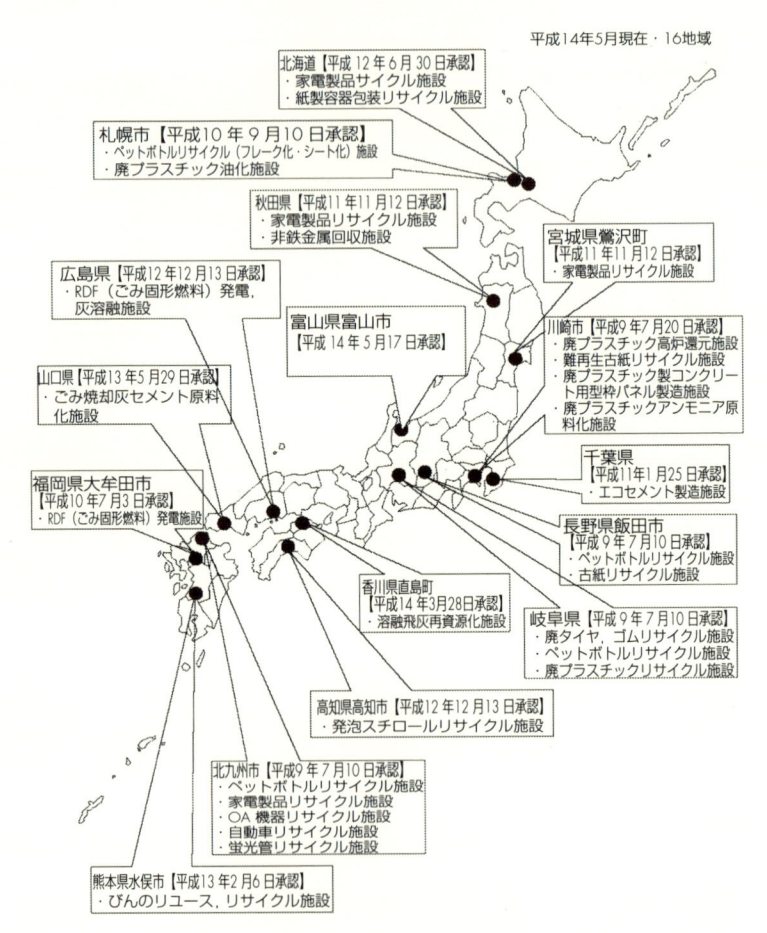

北海道【平成12年6月30日承認】
・家電製品サイクル施設
・紙製容器包装リサイクル施設

札幌市【平成10年9月10日承認】
・ペットボトルリサイクル（フレーク化・シート化）施設
・廃プラスチック油化施設

秋田県【平成11年11月12日承認】
・家電製品リサイクル施設
・非鉄金属回収施設

宮城県鶯沢町【平成11年11月12日承認】
・家電製品リサイクル施設

広島県【平成12年12月13日承認】
・RDF（ごみ固形燃料）発電，灰溶融施設

富山県富山市【平成14年5月17日承認】

川崎市【平成9年7月20日承認】
・廃プラスチック高炉還元施設
・難再生古紙リサイクル施設
・廃プラスチック製コンクリート用型枠パネル製造施設
・廃プラスチックアンモニア原料化施設

山口県【平成13年5月29日承認】
・ごみ焼却灰セメント原料化施設

千葉県【平成11年1月25日承認】
・エコセメント製造施設

福岡県大牟田市【平成10年7月3日承認】
・RDF（ごみ固形燃料）発電施設

長野県飯田市【平成9年7月10日承認】
・ペットボトルリサイクル施設
・古紙リサイクル施設

香川県直島町【平成14年3月28日承認】
・溶融飛灰再資源化施設

岐阜県【平成9年7月10日承認】
・廃タイヤ，ゴムリサイクル施設
・ペットボトルリサイクル施設
・廃プラスチックリサイクル施設

高知県高知市【平成12年12月13日承認】
・発泡スチロールリサイクル施設

北九州市【平成9年7月10日承認】
・ペットボトルリサイクル施設
・家電製品リサイクル施設
・OA機器リサイクル施設
・自動車リサイクル施設
・蛍光管リサイクル施設

熊本県水俣市【平成13年2月6日承認】
・びんのリユース，リサイクル施設

図51 エコタウン事業の承認地域マップ[31]

することを目的として平成9年度に創設された制度です．

9.5 環境JIS

経済産業省は，循環型経済社会構築の観点からリサイクルと廃棄物処理の統合的推進を目指し，それらを促進するための環境整備として環境・資源循環に関するJIS，いわゆる環境JISを推進してきました．

平成12年6月，日本工業標準調査会環境・リサイクル部会（現：環境・資源循環専門委員会）は「資源循環型社会構築に向けた標準化施策について」を報告し，さらに，平成13年8月，日本工業標準調査会標準部会が策定した標準化戦略総論においては，環境保全に資する標準化が重点分野として挙げられました．同時に，環境・資源循環専門委員会が策定した分野別標準化戦略では，今後

のJIS策定・改正の際にISOガイド64を考慮し，製品本来の機能と製品のライフサイクルの各段階を通じた環境のバランスを確保することにより，環境保全に資するJISを通じた体系的な環境配慮を推進していくことが提言されました．

このような状況の中，エコセメントは，平成12年5月22日のTR公表から約2年を経た平成14年7月20日に，JISとして制定されました．エコセメントの制定は，環境JISの理念をまさに具現化したものと言えます．

9.6 資源循環型社会におけるエコセメント

私達の安全で快適な生活を維持し，後の世にも現在の環境を残していくために，私達は資源循環型社会の構築に取り組んでいく必要があります．

資源循環型社会を実現するため，今，環境省や経済産業省をはじめとした省庁や地方自治体，また，NPOや各企業も，それぞれのポジション，考え方，やり方で取組みを進めていこうとしています．

そうした中でエコセメントは,ごみ処理において最も緊要な問題,課題である都市ごみ焼却灰の最終処分場問題の解決に寄与するものとして，その安全性・リサイクル性が高く評価されるようになってきました．エコセメントは資源循環型社会構築の担い手として，今後ますます，その存在意義を高めていくものと思われます．

文献,ネット文献

1) 環境省ホームページ:一般廃棄物の排出・処理状況等(平成12年度実績),＜http://www.env.go.jp/recycle/waste/ippan_h12.pdf＞,2003.3.15アクセス
2) 環境省ホームページ:産業廃棄物の排出・処理状況等(平成12年度実績),＜http://www.env.go.jp/recycle/waste/sangyo_h12.pdf＞,2003.3.15アクセス
3) セメント協会ホームページ:廃棄物・副産物の活用状況,＜http://www.jcassoc.or.jp/Jca/Japanese/Uj.html＞,2003.3.15アクセス
4) 経済産業省:循環型社会の構築に向けたセメント産業の役割を検討する会報告書,7月(2001)
5) NEDO:都市型総合廃棄物利用エコセメント生産技術実証試験結果最終報告書,9月(1998)
6) 経済産業省ホームページ:ゼロ・エミッション構想推進のための「エコタウン事業」について,＜http://www.meti.go.jp/policy/eco_business/ecotown/14_5_gaiyo.pdf＞,2003.3.15アクセス
7) セメント協会編:セメントの常識,7–12,2月(1998)
8) 大住眞雄:焼却灰をリサイクルしたエコセメントの開発,セラミックス,Vol.37, 886–889 (11) 2002
9) CJC:平成8年度国庫補助事業塩素含有ダスト再資源化プラント実証実験報告書,3月(2000)
10) 太平洋セメント:平成8年度国庫補助事業塩素含有ダスト再資源化プラントによる追加的自主実証実験報告書,7月(2001)
11) 寺田剛・明嵐政司:都市ゴミ焼却灰を主原料としたセメントの低塩素化とコンクリートの特性,コンクリート工学,Vol.37, No.8, pp.27–30, 1999.8
12) 独立行政法人土木研究所・東京都土木技術研究所・千葉県・埼玉県・麻生セメント㈱・住友大阪セメント㈱・太平洋セメント㈱・日立セメント㈱:都市ごみ焼却灰を用いた鉄筋コンクリート材料の開

発に関する共同研究報告書（マニュアル編）―普通エコセメントを用いたコンクリートの利用技術マニュアル，2002.3
13) 独立行政法人建築研究所・太平洋セメント㈱・日立セメント㈱：都市型総合廃棄物を原料とした環境負荷低減型セメントの建設事業への適用技術（建築系）―エコセメント及びエコセメントを使用したコンクリートの物理・力学特性並びに調合設計・施工技術に関する研究　共同研究報告書，2002.3
14) 国土交通省関東地方整備局ホームページ：新技術情報提供システムNETIS，＜http://www.kangi.ktr.mlit.go.jp/netis/netishome.asp＞，2003.3.15 アクセス
15) 日本道路公団ホームページ：JH 新技術・新工法，＜http://www.jhnet.go.jp/tech/＞，2003.3.15 アクセス
16) GPN グリーン購入ネットワークホームページ：グリーン購入情報プラザ，＜http://sv2.jca.or.jp/gpn/list.php3＞，2003.3.15 アクセス
17) 市原エコセメントホームページ：会社概要，＜http://www.ichiharaeco.co.jp/framepage8.htm＞，2003.3.15 アクセス
18) 市原エコセメントホームページ：エコセメントとは？エコセメント製造フロー，＜http://www.ichiharaeco.co.jp/framepage10.htm＞，2003.3.15 アクセス
19) 東京都三多摩地域廃棄物広域処分組合：エコセメント事業実施計画，7 月（2000）
20) 佐野奨，市川牧彦：都市ごみ焼却灰処理時のライフサイクルアセスメント，第 22 回全国都市清掃研究発表会（2001.2），pp.189-191
21) 荏原製作所ホームページ：製品・技術，ストーカ式焼却システム，＜http://www.ebara.co.jp/＞，2003.3.15 アクセス
22) 荏原製作所ホームページ：製品・技術，流動床式焼却システム，＜http://www.ebara.co.jp/＞，2003.3.15 アクセス
23) 川崎重工業ホームページ：環境ビジネスセンター，ごみ処理設備，ガス化溶融炉，＜http://www.khi.co.jp/kankyo/p0301/p0301.html＞，2003.3.15 アクセス
24) 太平洋セメントホームページ：ゼロエミッション，灰水洗システム，

焼却残渣（焼却灰とばいじん），＜http://www.taiheiyo-cement.co.jp/zero-hai/haisuisen/tec/tec_bottom-1.html＞，2003.3.15 アクセス

25) 太平洋セメントホームページ：ゼロエミッション，灰水洗システム，ばいじんの水洗処理システム，＜http://www.taiheiyo-cement.co.jp/zero-hai/haisuisen/tec/frameset_tec.html＞，2003.3.15 アクセス

26) 山口エコテックホームページ：＜http://www.y-eco.co.jp/＞，2003.3.15 アクセス

27) NKKホームページ：エンジニアリング事業,エンジ事業製品一覧,電気抵抗式灰溶融炉，＜http://www.nkk.co.jp/products/engineering/e02/02index.html＞，2003.3.15 アクセス

28) 7都県市リサイクルスクエアホームページ：データライブラリー，灰溶融等の取組状況調査報告書，第4章溶融技術の問題点と課題，＜http://www.7tokenshi.gr.jp/data/0911_03_05.html＞，2003.3.15 アクセス

29) 経済産業省ホームページ：循環型社会の形成，環境問題とマテリアルバランス，＜http://www.meti.go.jp/policy/closed_loop/CJC/04chap1.pdf＞，2003.3.15 アクセス

30) 経済産業省ホームページ：循環型社会の形成の推進のための法体系，＜http://www.meti.go.jp/policy/closed_loop/index.html＞，2003.3.15 アクセス

31) 経済産業省ホームページ：エコタウン事業の承認地域マップ，＜http://www.meti.go.jp/policy/eco_business/ecotown/14_5_map.pdf＞，2003.3.15 アクセス

索　引

[あ行]

RC-1　73
RC-2　75
亜鉛　39
圧縮強度　56
安全性　110
維持管理性　111
市原エコセメント　21
　── 施設　83
一般廃棄物　13, 30
　── 処理施設　43
インターロッキングブロック　71
インダストリアル・クラスタリング　28
運転安定性　111
AE剤　54
エコセメント　11, 18, 19, 24
　── 事業実施計画書　90
　── 指定化　80
　── の原料　29
　── の定義　31
　── の名称　21
エコタウン事業　20, 117
エコマーク　80
　── 商品　80
エコロジー　21
NETIS　79
NSPタワー　25

NPO　120
LCA比較　95
塩化揮発法　36
塩化物イオン量　46, 59
塩素　11
　── /アルカリ比　39
大型積みブロック　72
オゾン層の破壊　113
汚泥　40
温暖化　113

[か行]

化学成分　48
ガス化溶融炉　101
渦電流選別器　32
環境JIS　45, 119
環境省　20
環境破壊　113
環境負荷　39, 95
環境保全性　108
乾燥収縮　57
凝結性状　49
規制値　108
凝結　49, 55
　── 性状　49
強度　49
　── 発現性　49
キルン　27
グリーン購入情報プラザ　81

グリーン購入特定調達品目　81
クリンカ　27
経済産業省　15
経済性　112
けい石　25
建設資材　39
建設費　112
建築ブロック　69
原料規定　79
原料工程　25
高強度・高流動コンクリート　63
構成鉱物　48
公設・民営方式　90
高炉スラグ　16
高炉セメント　24
ごみ焼却施設　43
コンクリート　52
　── 瓦　72
　── 製品　40
　── 側溝　73
　── 側溝ふた　74
　── 配合　54
混合セメント　24

[さ行]

最終処分　14
埼玉ゼロエミッション事業　103
(財) 日本規格協会　45
サイロ　32
作業性ワーカビリティ　54
サスペンションプレヒータ　25
砂漠化　113
3R　117

産業廃棄物　13
　── 処理施設　43
酸性雨　113
酸抽出法　30
仕上工程　27
JH新技術　79
ジェットセメント　77
事業運営費　112
資源循環型システム　113
資源循環型社会　113
資源有効利用促進法　114
JIS A 5308　79
JIS R 5211　24
JIS R 5212　24
JIS R 5213　24
JIS R 5214　24, 45
実施権　44
重金属塩化物　35
重金属回収工程　35
重金属酸化物　38
重金属類　11
循環型社会形成推進基本法　113, 114
焼却　14
　── 主灰　29
　── 炉　99
焼成工程　25
焼成法　30
シリカセメント　24
磁力選別器　32
新技術情報提供システム　79
人工鉱石　35
振動　72

―― 加圧　72
―― 加圧締固め　69, 70, 71
水硬性鉱物　39
水質環境基準　50
水質規制　108
水量　54
スクラップ回収　32
ストーカ式焼却炉　99
スプリットンブロック　70
スランプ　54
生成物の安全性　110
生成物のリサイクル性　108
石炭灰　16
石灰石　25
せっこう　16
セメント固化法　30
セメントサイロ　27
セメント産業　15
セメントタンカー　27
セメントの製造工程　25
ゼロエミッション　39
ゼロ・エミッション構想　117
速硬エコセメント　20

[た行]

ダイオキシン類　11
脱炭酸　27
多摩エコセメント施設　89
千葉県エコタウンプラン　83, 84
千葉県型　66
抽出　39
中性化　59
TR　45, 109

―― A 0016　109
―― A 0017　109
DBO　90
鉄筋コンクリート製品　73, 75
鉄原料　25
電気抵抗式　104
銅　39
東京都三多摩地域廃棄物広域処分組合　21
凍結融解抵抗性　57
特殊なセメント　24
特別管理一般廃棄物　30, 100
都市ごみ　13
―― 焼却灰　11
土壌環境基準　50
特許　44
土木学会コンクリート標準示方書　53

[な行]

鉛　39
日本建築学会建築工事標準仕様書　53
NEDO　19, 44
粘土　25

[は行]

バーゼル条約　113
排ガス　38
廃棄物処理法　29, 114
廃棄物の完全リサイクル　39
ばいじん　29
灰水洗システム　102

廃タイヤ　18
灰溶融炉　104
配慮設計　117
バッグフィルター　39
バッチ式原料成分均質化システム　34
バルクタンクトラック　27
PFI法　90
飛灰　29
標準情報　45
表面溶融式　104
品質　40
腐食　52
二ツ塚処分場　89
普通エコセメント　20
普通ポルトランドセメント　46
フライアッシュセメント　24
プラズマ式　104
ブリーディング　56
ふるい　32
プレストレストコンクリート　63
歩車道境界ブロック　74
ポルトランドセメント　23

[ま行]

マテリアルバランス　114
無筋コンクリート製品　69

無筋分野　40
燃え殻　40
モルタル　49

[や行]

薬剤処理法　30
URC　69
有害成分　11
溶出試験　50
溶融技術　89
溶融固化法　30
溶融スラグ　101
溶融飛灰　101
溶融メタル　105

[ら行]

リサイクル　117
　──製品　11
リデュース　117
リユース　117
流動床式焼却炉　100
流動床飛灰　100
冷却塔　36
ロータリードライヤー　32
路盤材　105
ロンドン・ダビング条約　113

エコセメントのおはなし	定価:本体1,000円(税別)

2003年7月31日　第1版第1刷発行

著　者　　大住　眞雄
発行者　　坂倉　省吾
発行所　　財団法人 日本規格協会
　　　　　〒107-8440　東京都港区赤坂4丁目1-24
　　　　　　　　　　　電話（編集）(03)3583-8007
　　　　　　　　　　　http://www.jsa.or.jp/
　　　　　　　　　　　振替　00160-2-195146
印刷所　　三美印刷株式会社
制　作　　有限会社カイ編集舎

権利者との協定により検印省略

© Masao Ohsumi, 2003　　　　　　Printed in Japan
ISBN 4-542-90261-7

当会発行図書，海外規格のお求めは，下記をご利用ください．
普及事業部カスタマーサービス課：(03) 3583-8002
書店販売：(03) 3583-8041　　注文FAX：(03) 3583-0462